建筑模型制作手册

常见材料制作83种模型组件

西日本工业大学石垣充研究室＋造物设计事务所
日本九州产业大学ＡＲＣ建筑道场＋矢作昌生◎编著
苑雪飞、田歌川◎译

化学工业出版社
·北京·

图书在版编目（CIP）数据

建筑模型制作手册：常见材料制作83种模型组件 / 西日本工业大学石垣充研究室+造物设计事务所，日本九州产业大学ABC建筑道场+矢作昌生编著；苑雪飞，田歌川译．—北京：化学工业出版社，2023.7
ISBN 978-7-122-43275-9

Ⅰ.①建… Ⅱ.①西… ②日… ③苑… ④田… Ⅲ.①模型（建筑）-制作-手册 Ⅳ.①TU205-62

中国国家版本馆CIP数据核字（2023）第062568号

责任编辑：林　俐　　　　文字编辑：冯国庆
责任校对：宋　夏　　　　装帧设计：对白设计

出版发行：化学工业出版社（北京市东城区青年湖南街13号　邮政编码100011）
印　　装：北京宝隆世纪印刷有限公司
880mm×1230mm　1/32　印张7　字数230千字　2023年7月北京第1版第1次印刷

购书咨询：010-64518888　　　　售后服务：010-64518899
网　　址：http://www.cip.com.cn
凡购买本书，如有缺损质量问题，本社销售中心负责调换。

定　　价：78.00元　

前言

充分发挥想象力，寻找更多样化的模型材料

石垣 充

建筑模型材料很贵，特别对于学生来说，常常难以负担高昂的材料费用。

或者是临近课题提交截止日期，模型需要用的材料却卖光了。

建筑表现总是常规化地用KT板材料进行固定化的表现……

这本书，主要面向时而产生这种想法的人，即采用非常规“模型材料”，用“替代品”来表现建筑模型的想法创意。

引用我本人很久以前的经历，对于当时在北海道深山里的工业大学就读建筑专业的我来说，大城市（札幌）里备货齐全的模型材料店仅仅是记忆中很模糊的存在，是一年才去一次进行采购的场所。所以在设计课题中，不能很方便地获取和使用各种各样的模型材料来制作模型。

在我刚成为学生的时候，有一个深夜节目叫“青春的餐桌”（日本电视台，1989~1990年）。主要内容是使用罐头装的烤鸡肉串和汤等速食和现成熟食来制作亲子丼（日式滑蛋鸡肉饭）等餐品。教会观众如何用“替代品”来制作便宜又美味的饭菜。这个节目对于当时没有充裕生活费的我来说，是很有参考价值的。

就连吃饭都要节省，在专卖店买模型材料等消费更是可望而不可即，因此常常在五金商店和家居用品店寻找可以代替进行模型制作的材料。这种经验在建筑学学生中非常常见。

虽然这种搜寻模型材料的状态的最初目的是找廉价的替代材料，但是

看到材料之后会发现有各种各样的建筑设计和建造的想法从脑海中浮现出来。当我用全新的视角看待这些材料时，就会把一切都当作制作建筑模型的原料。因此，我的毕业设计没有使用KT板等最常用的模型材料，而是选择了金属。

我的这个习惯从在设计事务所工作到现在成为研究者一直在延续，未曾改变，即使是现在，只要一有时间我就会去家居中心寻找合适的材料。

本书中的创意大多出自西日本工业大学和九州产业大学学生，其中也包括一些实验性的创意，可以说是应届大学生的“青春模型”。本书的适用对象涵盖从学生到从事实际工程项目设计的设计师等广大群体，如果本书能帮助这些从业者实现更好的建筑表现，并在构思建筑时获得新的视角，那将使我备感荣幸。

选择能传达真实质感的材料　　矢作 昌生

在日本，用KT板制作所谓“白模型”是标准的建筑模型表达方法，如果用心制作，就会呈现出只有单一色彩才有的极简之美。如果加上人、家具、小件物品、树木等点缀物和材料质感的表达，就能表现出实际建筑和场景的氛围感。但是，通过直接购买现成的材料来表现模型，往往价格昂贵，或者根本无法获得想要的物件和材料。

为了给那些在模型上预算有限，或者在一些地方买不到丰富的模型材料，又或者想要自由地制作模型的人们提供支持与帮助，本书介绍了如何利用日常生活中容易获取的物品和日用品，甚至废弃的物件，制作更逼真、更有质感的模型的方法。希望各位读者不仅能掌握本书介绍的创意，还能进一步丰富和完善创意，挑战更高一级的建筑模型表达方式。

例如方案推敲模型的制作。在进行方案创作时，常常制作大量的方案推敲模型，讨论各种创意，并在这个过程中提炼出最终方案，这是设计出优秀建筑方案的诀窍。但日本的建筑设计教育大多是注重传授制图技术，而通过手工进行思考的过程相对薄弱。但我认为模型推敲的过程十分必要，因为方案推敲模型是一种与自己交流的工具，比起最终的完成模型，“快速、简便、自由”的过程模型（方案推敲模型）反而更为重要。根据想要制作的模型效果，需要选取的模型材料也会有所不同，因此可以从这个角度来重新审视身边的物品，或许可以发现很多意想不到的物件都可以成为模型材料。此外，对材料的探索也有助于发现新的模型制作工具。例如，纸板箱分解后的纸片、点心盒等都有可能成为模型材料，如果在意箱子上的文字，最后在模型上涂上颜色进行覆盖，甚至有可能达到意想不到的效果。把不同素材粘在一起的时候，可以使用胶枪和黏合剂等材料，这类黏合剂也有探索的必要。

如果能采取上述这些方法，逐渐加深自己的模型制作知识，一定能在建筑设计建造方面也产生新的想法。希望大家能以本书为契机，迈出创新的一步。

译者序

非常荣幸为大家带来《建筑模型制作手册：常见材料制作83种模型组件》的中文译本。本书是一本非常实用的建筑模型制作指南，提供了83种创意方法，可以帮助读者随时随地使用身边日常生活中的材料，制作出更加独特和个性化的建筑模型。

制作建筑实体模型是学习建筑设计、推敲设计过程、展示设计成果必不可少的技能。回顾本人学习建筑设计以及之后从教的过程，多数学生只是为了完成任务而在设计完成后匆忙补做模型，而没有将制作实体模型与推敲建筑设计的过程结合起来。随着技术的进步，建筑设计师们几乎完全采用电脑绘图，手工制作建筑模型的技能几乎被遗弃。更遗憾的是，国内很少书籍能够从专业角度讲解如何通过制作模型简便直观地推敲建筑空间。

在翻译本书的过程中，我们被原作者的尝试精神所感动。书中许多创意、方法和技巧都是作者在建筑设计过程中不断尝试并总结出来的灵感。这些方法涉及材料的选择、工具的使用、色彩搭配以及构图技巧等方面，可以帮助读者更好地了解和掌握建筑模型制作的基本原理、具体步骤和技术要点。这些方法不仅可以应用于建筑模型制作，也可以启发建筑设计师们在设计过程中便捷地推敲空间逻辑。此外，这些方法还可以应用于其他创意设计领域，为人们带来更多的灵感。

我们希望这本书能够成为广大建筑学系的学生及青年建筑师们的必备指南，为他们提供实用的建议和创意灵感。衷心希望本书能够为从事建筑设计的人们带来启发和帮助，并促进设计思维及模型制作领域的创新和发展。

祝愿大家阅读愉快，收获丰硕！

嘉兴学院建筑工程学院　苑雪飞

西安建筑科技大学 建筑学院　田歌川

目 录

上篇

制作建筑模型的工具、材料、技术

制作模型的工具

1. 测量、剪裁、组装

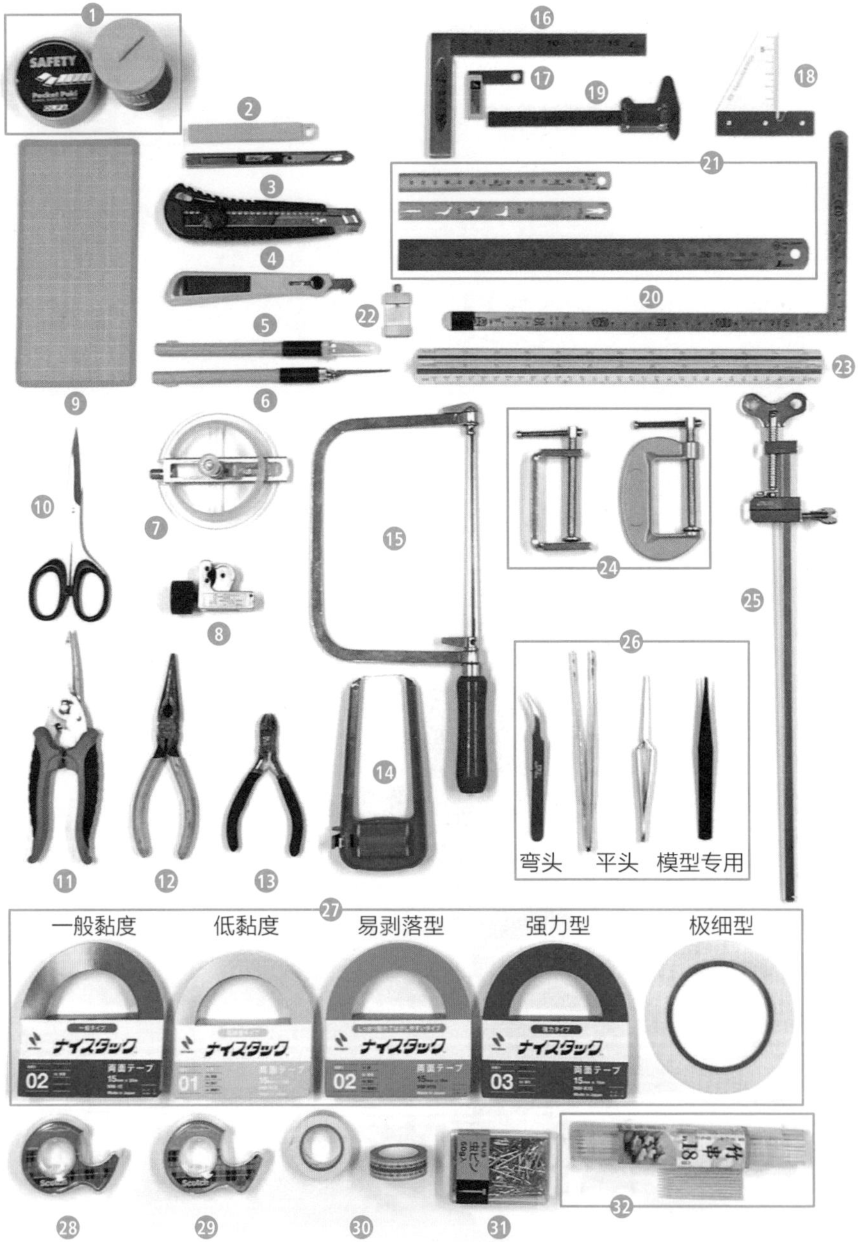

1	折刀器	将美工刀刀片插进缝隙，能安全地折断刀片并对折下的刀片头进行收纳。
2	小型美工刀	体积小、刀刃薄，可以利索地裁剪较薄材料的横截面。
3	大型美工刀	用于裁切纸箱等较厚材料。
4	P形刀	用于裁切亚克力板等较硬的塑料板材，也用于接缝。
5	笔刀	笔状形态的裁剪刀，适用于复杂曲线等的精密切割。
6	其他特殊形态的锯	用于切割模型的节点交接部位等细小零件。
7	圆规切割刀	用于切割出圆形。
8	切管器	可将管状材料剪裁为任意长度。
9	切割垫	配合美工刀使用的垫板，起保护作用。
10	剪刀	裁剪纸纸张时使用，适合粗切割而非精确的直线裁剪。
11	万能剪	剪切金属板、铜丝时使用。
12	尖嘴钳	适用于细小物件的弯折等操作。
13	钳子	剪切金属线和金属棒。
14	热切刀（电热刀）	一种利用加热的镍铬合金进行切割的工具，能够熔化泡沫等材料。
15	线锯	用于剪裁木材等裁刀难以剪裁的材料。
16	直角尺	量出材料直角的引导性工具。
17	小型直角尺	量出细节材料直角的引导性工具。
18	纸用角尺	量出纸或薄板直角的引导性工具。
19	游标卡尺	可精确测量材料厚度。
20	大号直角尺	用于量出直角。属于大型工具，针对较大材料的测量。
21	不锈钢直尺	测量工具，也可与裁刀等锋利工具组合用于裁切。
22	钢尺定位器	可固定在钢尺上，便于测量同一长度。
23	三棱比例尺	方便阅读图纸的工具。
24	G形木工夹	夹紧固定板材时使用。
25	F形木工夹	板材粘接时固定用，比普通G形夹具更易进行材料厚度的匹配。
26	镊子	处理小部件或在狭窄处作业时使用，有各种形状和大小。
27	双面胶	粘贴纸时使用，有各种黏性和宽度。
28	绘图胶带	在模型预组装或模型推敲研究时使用。
29	隐形胶带	表面无其他的颜色，亚光透明，适合模型修补时使用。
30	美纹纸胶带	在涂装等情况下遮盖模型表面不需要涂装的部分。
31	图钉	对材料等进行预固定时使用的金属构件。
32	竹签、牙签	图钉的代替品，或作为细小棒形材料使用。

2. 粘贴、削钻、涂抹

1
2
3
4
5
6
7
8
9
10
11
12
13
14
15
16
17
18
19
20
21
22
23
24
25
26
27
28
29
30
31
32
33
34

1	淀粉胶水	以淀粉为原料制成的胶水，易溶于水。
2	苯乙烯胶水	用于发泡类材料的黏合，配有用于细小部位黏合的注射器。
3	木工胶	主要用于木材之间的黏合，也可用于KT板。
4	速干胶	用于木材、金属、橡胶等材料的黏合，胶水会瞬间固化。
5	PVC黏合剂	用于PVC材料间的黏合。
6	丙烯酸黏合剂	用于丙烯等树脂类材料之间的黏合，与配备的注射器一起使用。
7	纸张专用黏合剂	纸张黏合剂，容易剥脱。
8	溶胶剂	用于剥离胶合的纸张和其他材料。
9	喷雾黏合剂	喷涂式的黏合剂，根据黏合的强度不同，种类也有所不同。
10	喷火枪、气瓶	用于大面积烧制或烤制。
11	打火机	用于小面积材料构件的烧制或烤制。
12	蜡烛	用于烘烤材料。
13	胶枪	溶解树脂胶，可以黏合各种各样的材料。
14	电烙铁	用于金属之间的黏合和制作局部烧灼痕迹。
15	拇指刨	一种极小型的刨子，用于处理木材表面，以及制作倒角。
16	手摇钻	在较厚的材料上钻孔时使用。
17	锥子	打小孔的时候使用，适用于木材。
18	（能扎透多层纸张的）锥子	钻更小的孔时使用。
19	打孔器	给材料打孔时使用。
20	研磨器	比砂纸研磨得更快，可以反复使用。
21	手工锉	用于木材、塑料等材料的打磨。
22	砂纸	根据不同的粗糙程度，有各种各样的标号规格。
23	铁锤	头部是金属材料，用于钉钉子等。
24	木槌	头部是木头材料，不容易划伤材料。
25	塑料头锤子	头部是塑料材料，不容易划伤材料。
26	筛子	用于均匀粉状材料的颗粒度大小。
27	研钵	用于将材料压碎成细小的颗粒。
28	磨泥器	可以把材料刮刨成均匀细小的颗粒。
29	石膏粉	基底材料，用于填平不平整的表面，也可作为白色模型的饰面。
30	彩喷	有各种类型的喷涂涂料，例如漆面、水基、油基等。
31	涂料托盘	稀释或混合涂料时使用。
32	毛笔	上色的时候使用，其扁平的刷头适合涂刷材料表面。
33	颜料	有水彩、不透明水彩、丙烯等各种各样的种类。
34	铲子	用于刮削或剥落材料表面的金属刮刀。

制作模型的基本材料

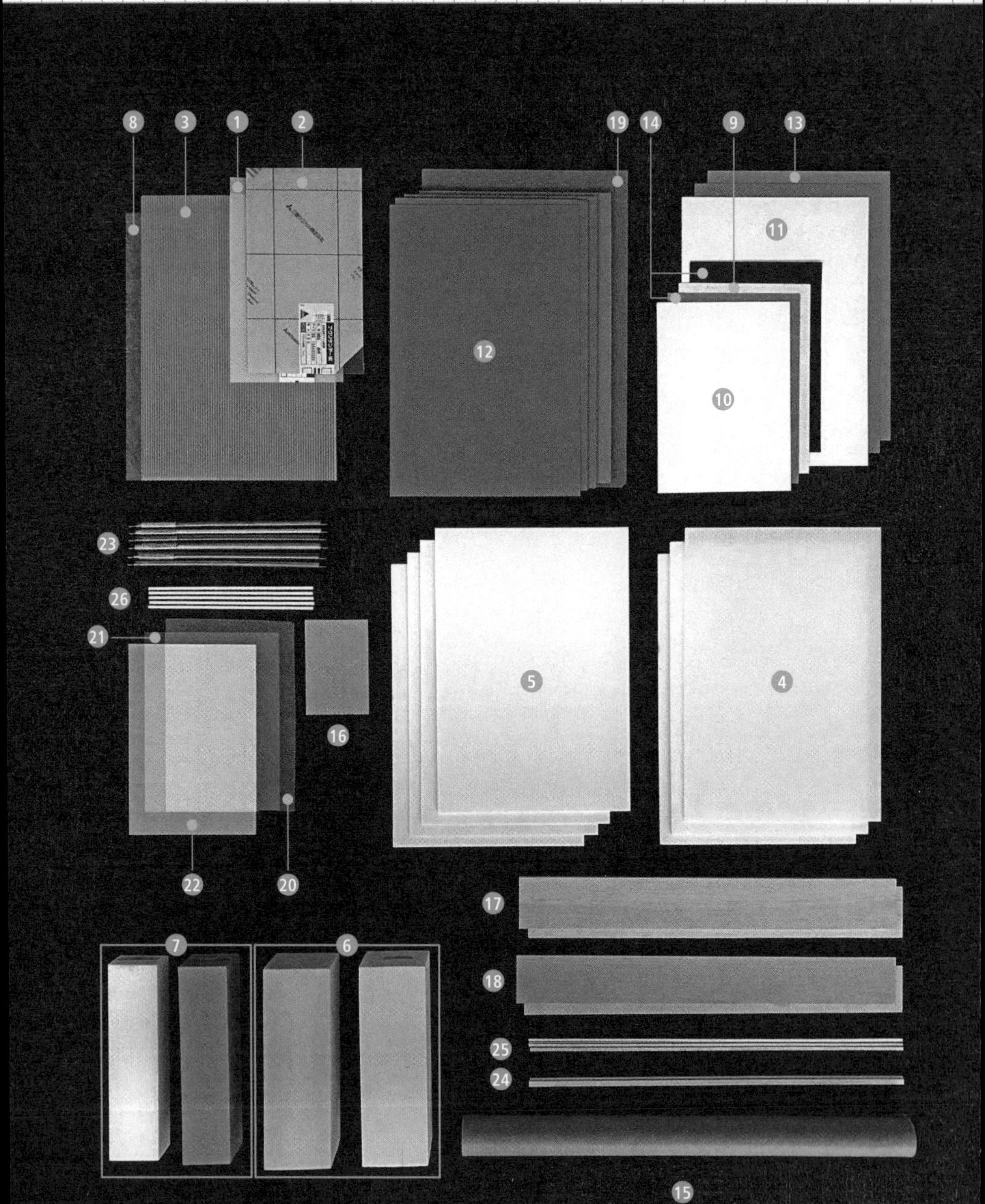

【板材】

1	PVC板	材料为聚氯乙烯，与亚克力板相比更加柔软，更易操作，颜色也很丰富。
2	亚克力板	材料为聚甲基丙烯酸甲酯，比PVC板硬，透明度高，光洁度好。
3	波纹塑料板	塑料制的波纹板，有各种类型，包括透明和彩色的。
4	雪弗板	未贴纸的发泡聚苯乙烯板，容易制作曲面。
5	KT板	两面都贴有优质纸层的发泡聚苯乙烯板。
6	聚苯乙烯泡沫材料	原料为聚苯乙烯,常作为建筑物的隔热材料，适合制作体量模型。
7	发泡聚苯乙烯泡沫材料	将聚苯乙烯颗粒用蒸汽加热后凝固而成的材料，俗称EPS泡沫。
8	网状板材	网状结构的板材，包括多种类型，如聚酯材料。
9	雪垫板	较薄的纸板，可用于小型模型。
10	肯特纸	稍厚且有弹性的纸，常用于模型制作的研究推敲阶段。
11	黄金板	可以和肯特纸相贴合的硬纸板，边缘锋利。
12	纸板	大开本的纸板，常用于制作山地模型。
13	黄纸板	由压铸再生纸制成的板材，类似于木头的质地，适用于木质模型的制作。
14	波纹板	表面有波纹的纸板。
15	无纺布	将纤维直接通过物理的方法黏合，而非纤维编织形成的布料。
16	蜂窝纸板	纸芯遍布小孔，两面黏合面纸制成的板材，比金属、塑料等材料更容易加工。
17	白塞木	一种轻而软的木材，有良好的加工性，一般作为建筑模型材料。
18	椴木	一种拥有优越的可加工性的木材，可以作为模型中表面有肌理的护墙板。
19	软木	由质地柔软的橡木树皮加工而成的材料。
20	网状材料	根据铜、不锈钢等不同材料和网眼的大小，可分为多种类型。
21	冲压金属	以固定间距开孔的金属板材。
22	金属板	黄铜板、不锈钢板、铜板、铝板、铅板等。

【线形材料】

23	金属线	有钢琴线、铜线、黄铜线、不锈钢线、铝线等多种类型。
24	丝柏木条	丝柏木加工式的木材，比白塞木硬，经常用于模块组装式模型。
25	白塞木木条	白塞木加工成的材料，轻便柔软，易于加工。
26	塑料棒	塑料加工成的棒状材料。

制作模型的基本技术

纹理对单色模型很重要

KT板（聚苯乙烯板）的颜色会由于购买的地点、时间和产品批次不同而略有差异，所以尽量一次买够模型制作需要的量。对于单色模型来说，使用同样颜色而纹理不同的材料，比如选用与立面材料不同的白色波纹纸做屋顶，可以使模型看起来更逼真。

不要一刀切＋经常更新刀片，以获得平滑精细的切割面

将KT板切割得利落平滑的诀窍，就是不要一次性把它们切开。应该将美工刀垂直竖起，根据板材的厚度进行多次切割，并且不要使用太大力气。一旦觉得美工刀失去了锋利度，就要去除不再锋利的刀片。

如何防止模型材料被弄脏

如果材料表面是用胶水粘上的，那么在裁剪材料后，需要用清洁剂或类似的产品将胶着痕迹清理干净。

尽管如此，胶水不容易被完全清除干净，仍然可能沾染污渍，并且喷胶本身产生的异味会弥漫在房间内，甚至弄脏房间。发生这种情况，可以用胶带代替喷胶，或者用彩纸饰面来代替喷漆上色。如果使用喷雾剂，应该用一个大的纸板箱进行遮罩，在纸箱范围内工作，避免喷雾四处飞溅。在盒子的底部铺上一些废纸，把材料和样本放在上面，能防止弄脏房间。同时，要记得经常更换弄脏的废纸。

大面积贴纸时，请在整个表面上粘贴双面胶带

当需要将纸张贴在较大的表面上时，应使用双面胶带覆盖整个表面。如果只覆盖一部分，纸张受潮时就会形成褶皱。如果使用胶水，胶水中的水分可能会使纸张起皱。

建造箱形地基时，请在内部用格子状的框架来牢牢加固。如果场地有高差，则通过叠加KT板、塑料板等，遵照等高线建造地基。

“留一张”和“45°角切割”创造完美边角

切割KT板时注意不要完全切断，保持下表面纸张不要切开，并预留可以覆盖KT板截面厚度的尺寸，用于覆盖切割后的截面或者搭接另一块KT板，这样就可以得到干净利落的模型边线。

窗框部分可以通过在板材边缘粘贴胶带的形式来实现。横向板材和竖向板材的交接部分可以切成45°角，就可以制作出比较完美的边角。

“可拆卸”的展示模型

在开始制作模型之前，先想象一下要拍摄什么样的照片，可以更容易地对视角和模型进行把握。图中的模型部分墙壁和屋顶是可以拆卸的。

充分利用纸样，熟练使用热切工具

使用白色泡沫材料或发泡胶制作白色单色模型的布景。对于复杂的形状，可以用薄纸板制作纸样粘贴在泡沫材料上，然后用热切刀沿着纸样上的轮廓切割。图中的汽车模型便是以这种方式裁切出来的。

下篇

83 种模型组件的制作图鉴

图鉴的使用方法

第1章 建筑主体

01 半纸制作自由立体空间

完成图

模型比例

模型的制作方法

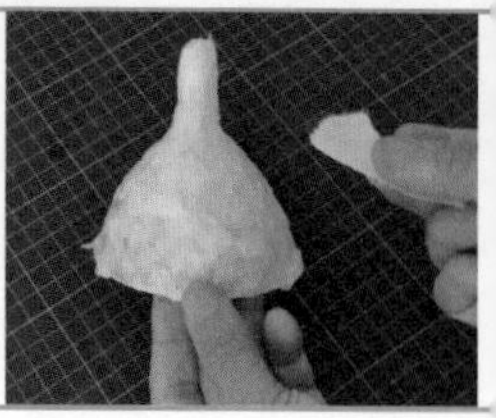

❶在水盆等容器内倒入温水，倒入少量淀粉胶水，充分溶解。需要注意胶水不要过量，以避免后续胶水溢出模型。

❷将撕成小块的半纸（日本的一种手工生产纸，类似于中国的宣纸，可用宣纸替代）浸入上一步制作的溶液中，浸泡约15min。

❸把充分浸湿的半纸贴合在模具上。选择表面光滑的模具，会使干燥后的半纸模型更容易剥离。

模型创意的关键点及补充信息

Point

使用纸张等材料制作自由立体空间的技巧。

模具可以利用现成的器具，也可以自己加工制作，但需要注意与浸湿的纸张材料的兼容性。例如，如果模具为纸浆土等材料，一旦将浸湿的纸张贴附于表面，干燥后会无法剥落。另外，也可以灵活使用彩喷进行喷涂，不仅可以增添色彩，还可以增加强度。也可以不使用半

14

模型制作情况概览

制作时间 完成一个模型的操作时间

难易程度

★ 根据判断，基本上可以直接使用原材料制作，无需二次加工

★★ 需要对原材料进行简单的二次加工来进行制作的模型

★★★ 需要一定的模型制作技巧来实现塑形和完成模型制作

模型制作概况

制作时间：大约30min（需要半天时间进行干燥）/ 难易程度：★★

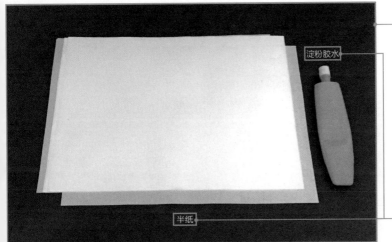

使用材料

材料名称

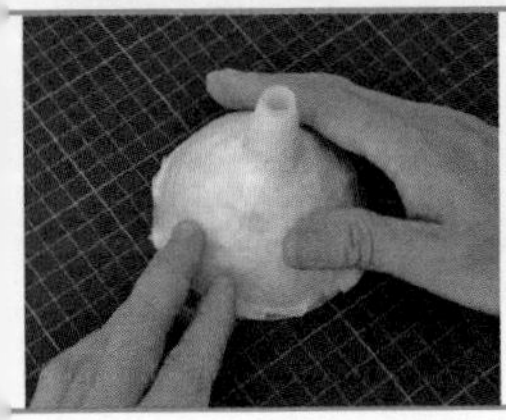

❹ 在干燥后的半纸上再次叠加，重复多次，这样做可以增加半纸的强度。

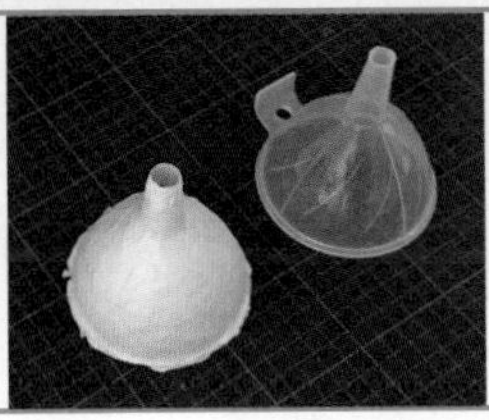

❺ 自模具上将干燥成形的半纸模型取下。

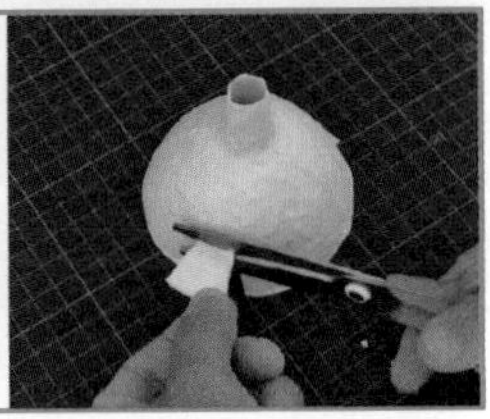

❻ 加工成型后的模型因为是纸制的，所以可加工性较强，对其进行裁剪等操作也十分便捷。

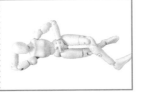

纸，而是用锡箔纸来层层包裹石膏模具，并利用砂纸、锉刀等工具进行打磨，可以做出十分特别的金属感立体模型。

15

01 半纸制作自由立体空间

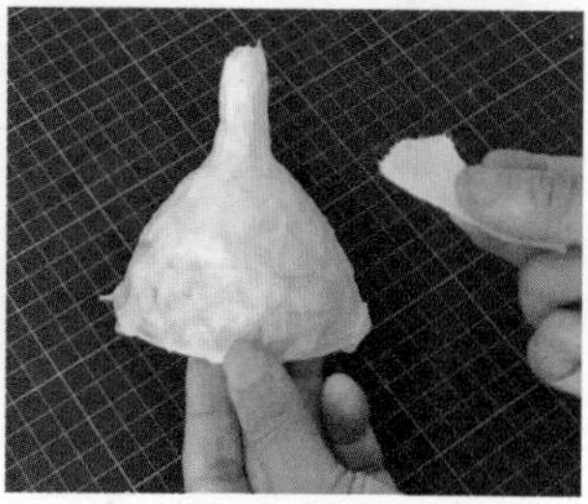

❶在水盆等容器内倒入温水，倒入少量淀粉胶水，充分溶解。需要注意胶水不要过量，以避免后续胶水溢出模型。

❷将撕成小块的半纸（日本的一种手工生产纸，类似于中国的宣纸，可用宣纸替代）浸入上一步制作的溶液中，浸泡约15min。

❸把充分浸湿的半纸贴合在模具上。选择表面光滑的模具，会使干燥后的半纸模型更容易剥离。

使用纸张等材料制作自由立体空间的技巧。

模具可以利用现成的器具，也可以自己加工制作，但需要注意与浸湿的纸张材料的兼容性。例如，如果模具为纸浆土等材料，一旦将浸湿的纸张贴附于表面，干燥后会无法剥落。另外，也可以灵活使用彩喷进行喷涂，不仅可以增添色彩，还可以增加强度。也可以不使用半

模型制作概况

制作时间：大约30min（需要半天时间进行干燥）/ 难易程度：★★

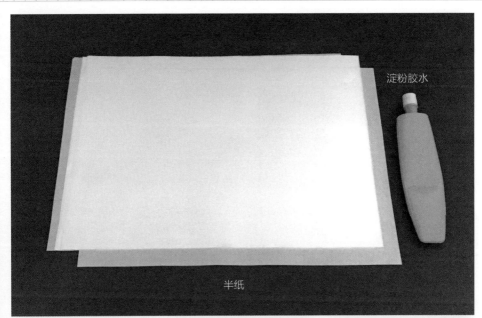

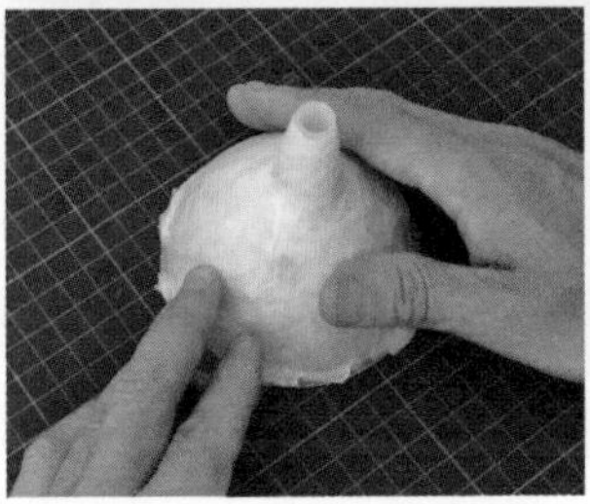

❹ 在干燥后的半纸上再次叠加，重复多次，这样做可以增加半纸的强度。

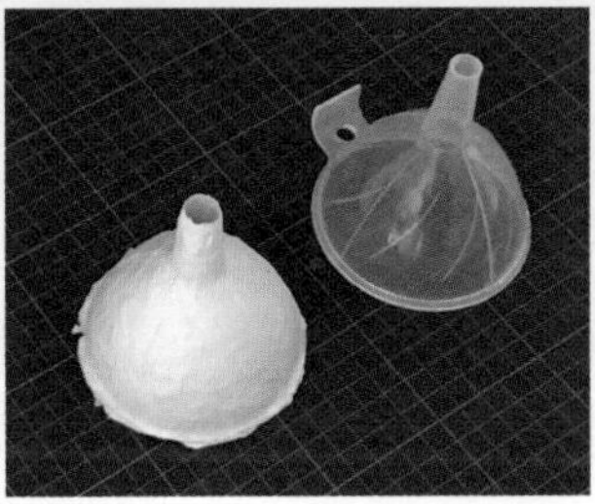

❺ 自模具上将干燥成形的半纸模型取下。

❻ 加工成型后的模型因为是纸制的，所以可加工性较强，对其进行裁剪等操作也十分便捷。

纸，而是用锡箔纸来层层包裹石膏模具，并利用砂纸、锉刀等工具进行打磨，可以做出十分特别的金属感立体模型。

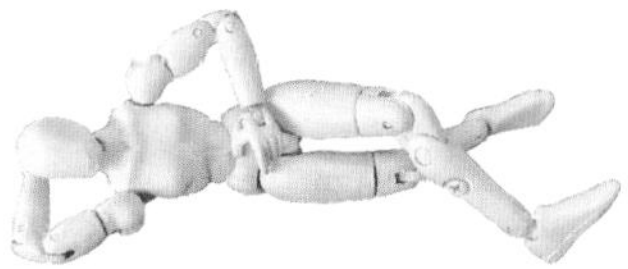

02 廉价的竹签制作房屋架构

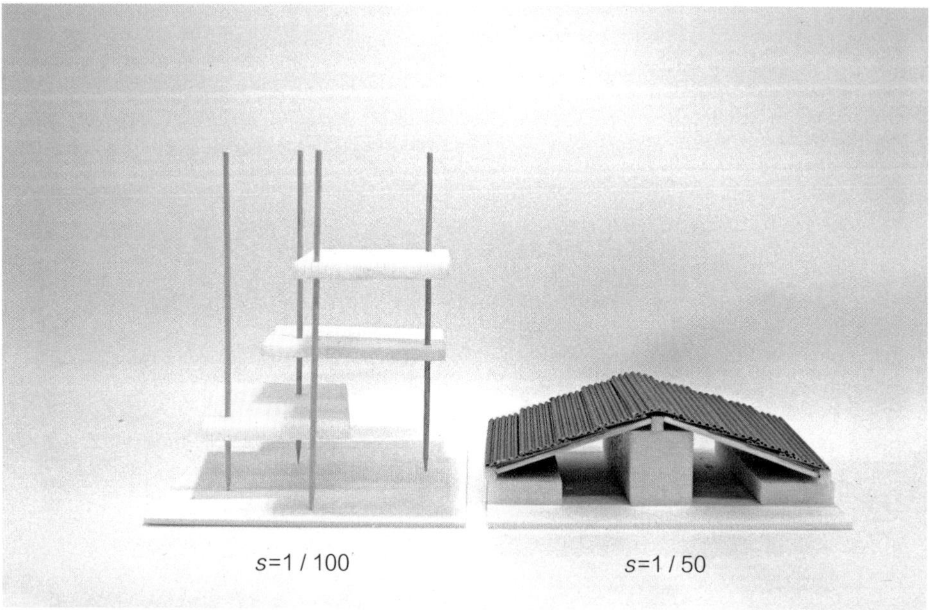

❶ 准备材料，将聚苯乙烯泡沫切割成需要的尺寸。

❷ 将切好的聚苯乙烯泡沫插在竹签上，进行连接组装。

❸ 根据屋顶的倾斜角度和空间结构，切割聚苯乙烯泡沫，制作基座。

切成薄片的聚苯乙烯泡沫也可以作为建筑墙壁。

切成薄片的聚苯乙烯泡沫板也可以作为非固定的装饰性墙壁（指可以灵活调整位置的墙壁）。在右边的照片中，聚苯乙烯泡沫薄片制成的墙壁可以夹立在水平板层之间，这种不使用黏合剂的方式，便于快速进行模型推敲。

模型制作概况

制作时间：大约15min/难易程度：★

竹签

单面瓦楞纸

聚苯乙烯泡沫

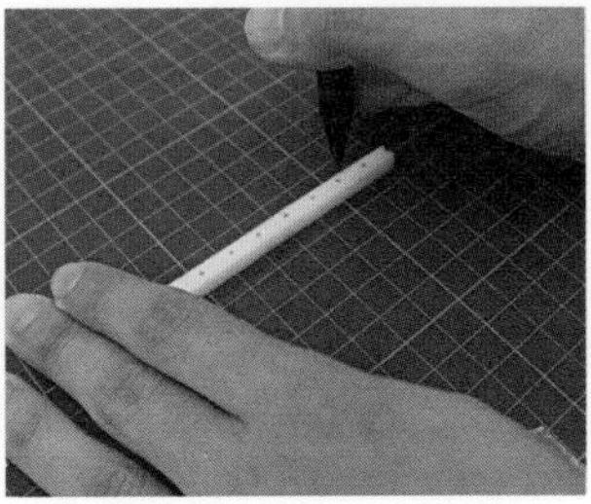

❹用水笔在切出的聚苯乙烯泡沫上做位置标记。

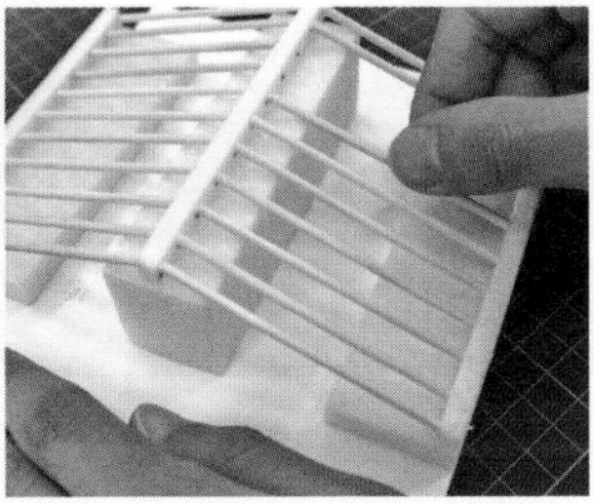

❺将竹签切成适当的长度，插入聚苯乙烯泡沫上标记的位置。

❻把裁切好的单面瓦楞纸粘贴至竹签构架上。

地面和墙壁的关系研究

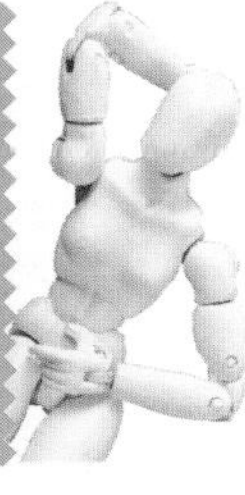

03 薄铅皮制作曲面

s=1 / 200

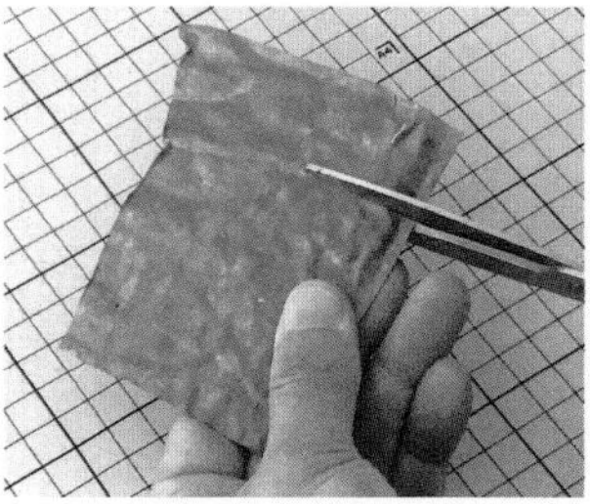

❶选取薄铅皮作为制作材料，根据想要的形状进行修剪。对于铅板材料来讲，1mm以下的厚度用剪刀等普通工具也很容易剪断。

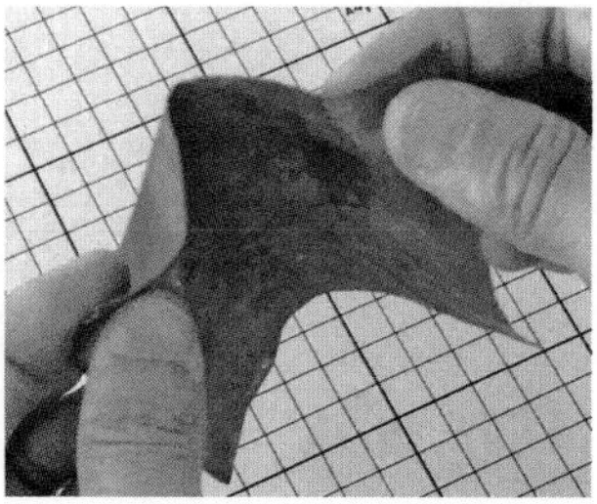

❷一边用手弯曲一边进行形状的推敲研究。遇到不容易弯曲的情况，在边缘制作切口可以使铅板更容易成形。

❸如果有和想要的形状相近的模具，可以用来对铅板进行形状的调整和压制。

薄铅皮性能较为柔软，适合推敲研究各种细小的曲面。

铅板有0.3mm、0.5mm、0.8mm、1.0mm、1.5mm、2.0mm等各种各样的厚度。薄型的铅板用剪刀等工具也可以很容易地进行裁剪加工，同时可以利用锉刀等工具改变表面的粗糙效果（但是铅板会变脆）。如果是墙体的推敲研究，使用较厚的铅板比较方便。另外，如果搭配金属腻子，还能做出更加复杂、精细的造型。

模型制作概况

制作时间：大约30min/难易程度：★★★

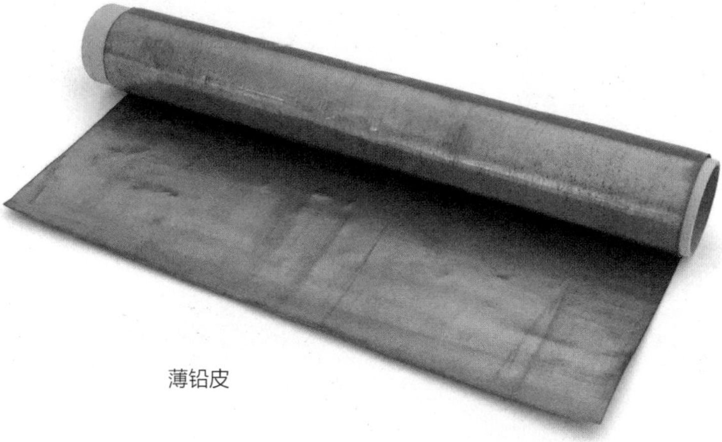

薄铅皮

❹ 用锤子等工具敲击铅皮，进一步确定形状。

❺ 利用锤子敲击表面形成的纹理，选择不同的锤子制作不同的纹理。

❻ 从模具上将定型的铅皮取下，剪掉想要的形状以外多余的部分。

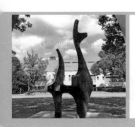

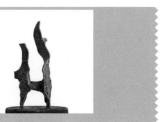

原子弹爆炸牺牲者平和纪念碑/0.5mm厚度的铅板制作

04 锡箔纸制作体量模型

❶ 用聚苯乙烯泡沫等制作建筑物的体量模型。

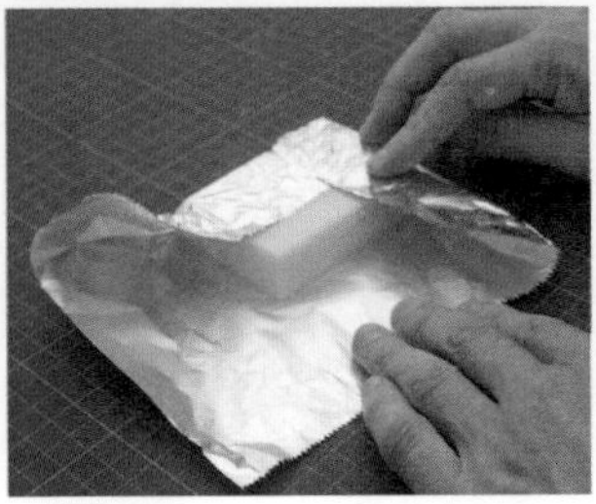

❷ 在锡箔纸上喷上胶水，贴在切好的聚苯乙烯泡沫体块上。

❸ 用刮刀等工具使锡箔纸紧密粘贴在泡沫体块上。多张锡箔纸叠加粘贴可以增加体块的厚重感。

此种方法适合强调建筑体量的概念模型。

锡箔纸虽然较薄，但因为是“金属”，所以比喷漆和彩纸更能体现真实感。一般家用锡箔纸的厚度为 11 μm，但也有厚达 17 μm 的锡箔纸。除了制作概念模型以外，锡箔纸也可以作为最终模型的呈现材料，并根据打磨方法的不同，实现从粗糙粉刷质感到镜面感的广泛的质感表现。

模型制作概况

制作时间：大约20min/难易程度：★★

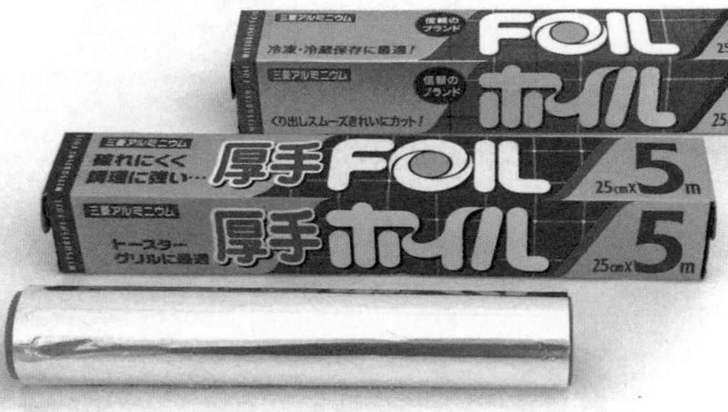

锡箔纸

❹较大的粘贴面利用桌子等平坦的块面，反复压按即可使表面平滑。

❺粘贴的时候可能会产生明显的褶皱，可以利用砂纸进行打磨加工。根据砂纸粗糙程度的不同，可以表现出不同的表面肌理。

❻也可以用彩喷薄薄地在锡箔纸上喷涂颜色表层，再利用砂纸进行打磨，这种方法会使模型表达更细腻。

05 绳子制作平滑等高线

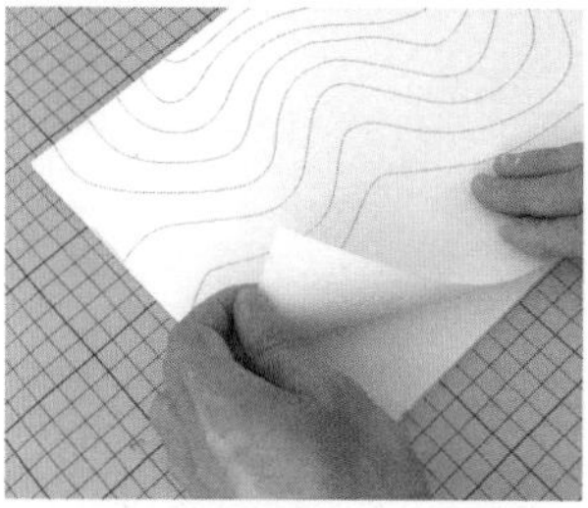

❶ 把印有等高线的纸贴在雪弗板上。根据模型的比例来选择绳子的粗细。

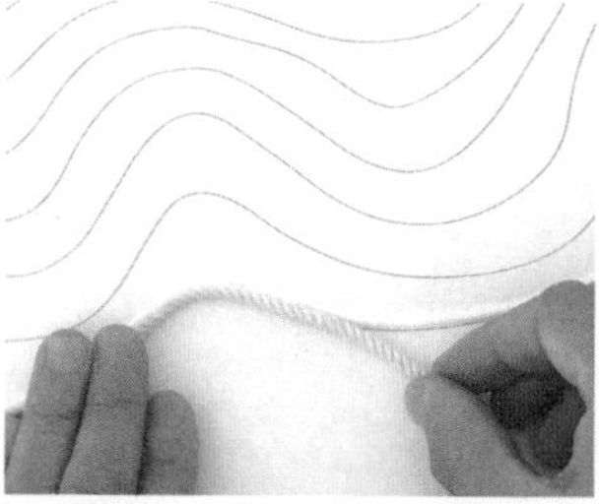

❷ 使用木工胶沿着最低的等高线进行涂抹。将绳子粘贴至木工胶上时，沿着等高线的外侧慢慢附着上去，可以避免木工胶向外溢出的情况。

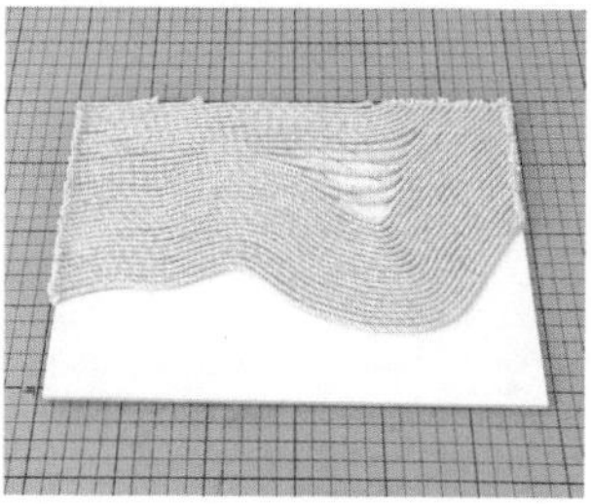

❸ 以粘贴的第一根绳子为基准，一根一根依次将绳子粘贴上去。隐藏在下面无法看到的部分可以处理得相对随意，然后用剪刀沿板子边缘剪掉过长的绳子。

Point

利用绳子来制作平缓的丘陵地形。

可以购买到不同材质和粗细的绳子。需要注意的是，聚乙烯塑料、聚丙烯塑料，以及不易弯曲的聚苯乙烯材料的黏合性较差；棉质材料质地柔软，容易弯曲，易于进行加工；另外，还有些材料容易变形弯曲，所以在选择材料时，要充分考虑材料的可加工性及其与黏合剂的兼容性。绳

模型制作概况

制作时间：大约120min/难易程度：★★★

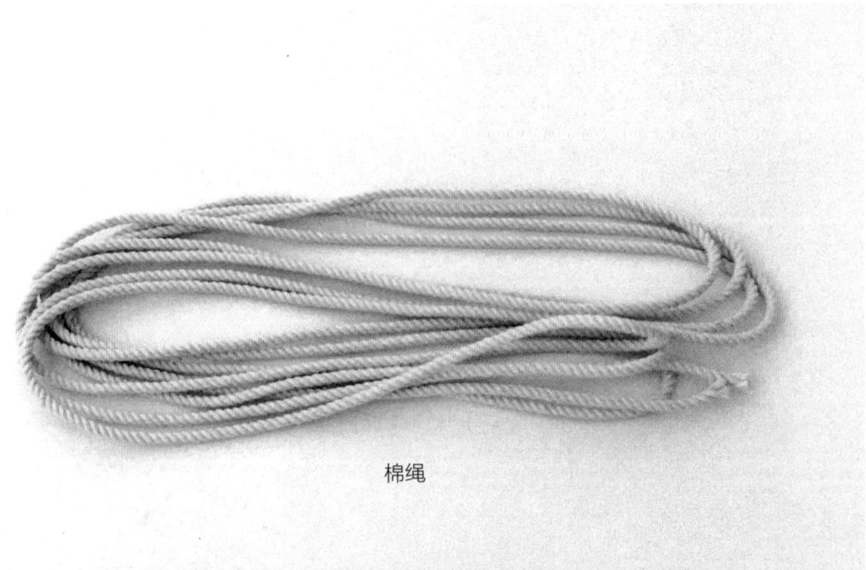

棉绳

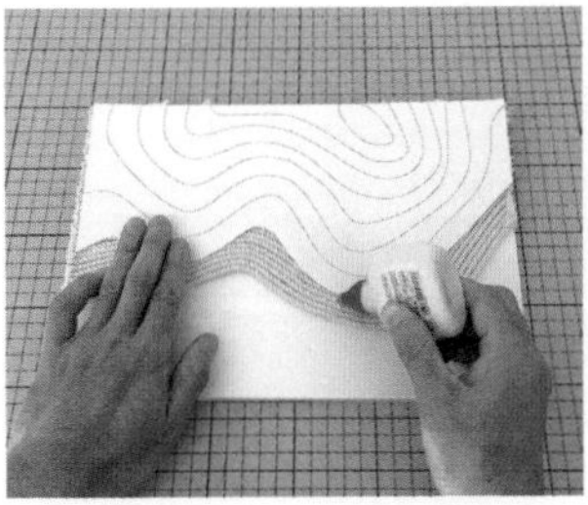

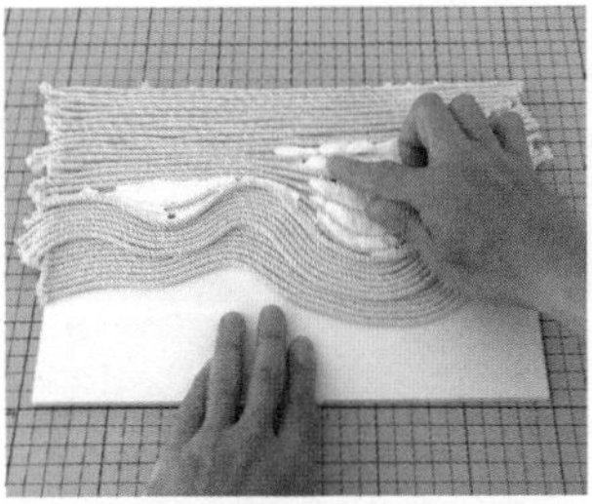

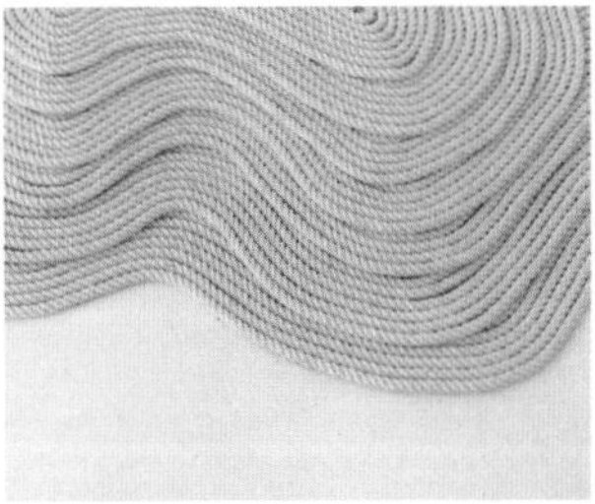

❹ 打印第2层等高线的图纸，剪裁好，参考第1层的做法，涂上木工胶，然后将绳子粘贴上去。

❺ 过程中如果因为高差过大绳子间出现较大空隙的情况，可以用纸黏土等材料进行局部填充。需要注意的是，如果不用绳子，只用纸黏土进行制作，不利于高度的控制，容易造成高低不平整的情况。

❻ 重复上述操作完成整个地形。这种利用绳子制成的等高线地形可以营造一种较为自然的印象。

子易于表现平滑的曲线，但是在制作复杂的曲线和曲面的过程中也需要细心调整，才能实现好的模型效果。

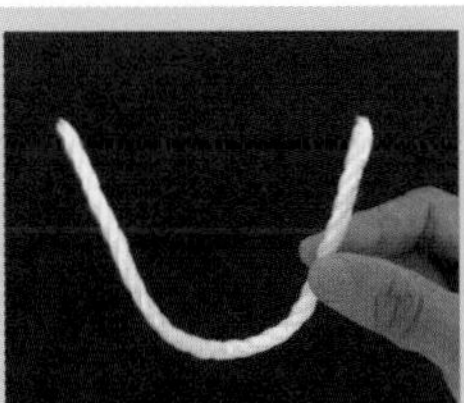

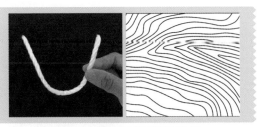

聚乙烯制的绳子/有尖角的等高线较难处理

06 仅用喷涂制作的波光粼粼的水面

❶ 将KT板裁切成想要制作的水面大小，并将板材表面的纸张揭除。

❷ 将喷漆型的彩喷在表面进行喷涂，KT板表面会融解，可以表现出波浪的动感。

❸ 喷涂完成后，用竹签剐蹭KT板表面，就能表现出如同轮船驶过留下的水痕。

水面的光泽感和波浪的立体感都可以通过一种材料进行表现。

喷漆类的彩喷会造成KT板的溶解，但这并不是缺点，反而可以对这种特性加以利用。具有光泽感的彩喷更能表现出水面波光粼粼的质感。另外，即使只是一般的颜料喷雾，只要将亚克力板贴在喷涂后的KT板上面，还可以进一步表现出水面的倒影。通过使用不同的喷剂或改

模型制作概况

制作时间：大约30min/难易程度：★★

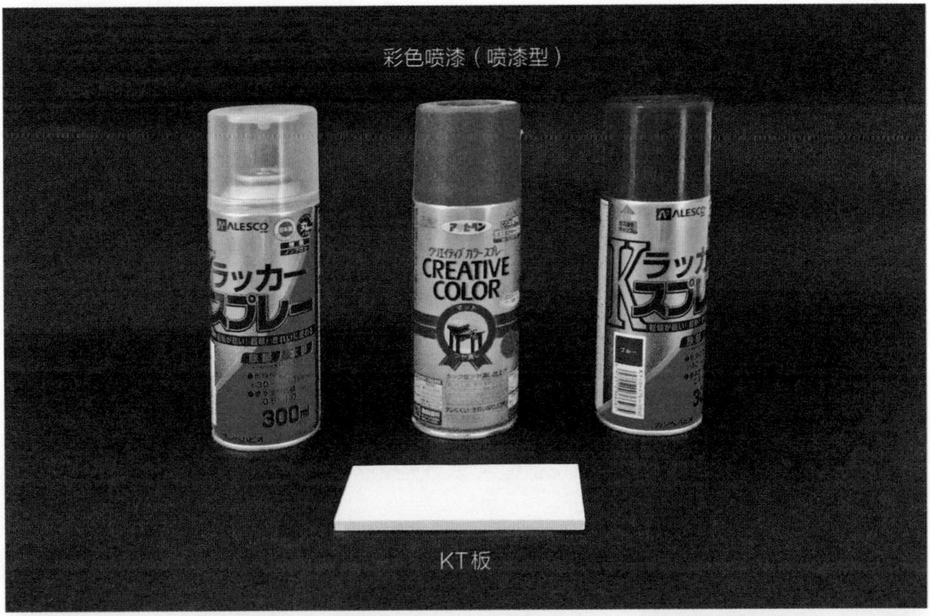

❹局部保留一部分不喷涂也可以形成趣味性的效果。KT板撕下表面纸张后，想要留白的部分用美纹胶带贴住，再用彩喷上色。

❺待颜料干燥后撕掉胶带，这时候胶带遮挡的部分依然保留了KT板的原样。

❻留白的部分可以用来表现堤坝等设施。

变喷涂量，可以控制KT板的溶解程度，甚至可以表现溅起水花的水面效果。

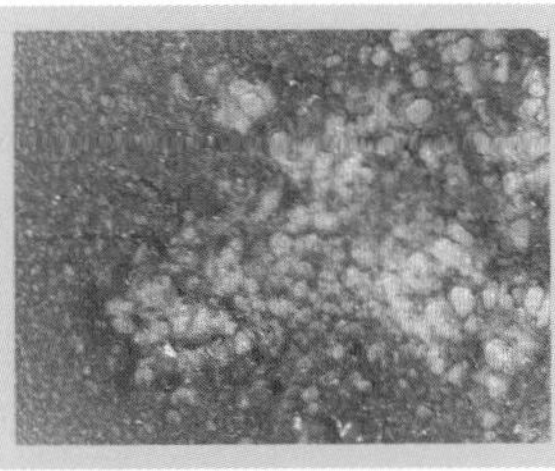

类似水花飞溅的表现效果

07 塑料袋制作静静摇曳的水面

s=1 / 50

❶ 将用于制作基础的底板（这里使用的是KT板）、彩色卡纸、PVC塑料板、塑料袋裁切成想要制作的水面大小。

❷ 用双面胶或喷胶将彩色卡纸贴在底板上。卡纸选择比较暗的颜色，水面的反射就会被强调突出。

❸ 裁剪塑料袋。用胶带固定住塑料袋的四个角，这样更易于裁剪。然后将剪下来的塑料袋揉出褶皱。

PVC塑料板＋塑料袋表现复杂多样的水面效果。

通过在塑料袋上制造褶皱纹理的操作可以表现各种各样的水面场景。另外，亚克力板有不同种类，有的表面有像波浪一样的纹理和小凹凸的肌理，即使不用塑料袋，用这类带有肌理的亚克力板也能表现水面。如果是单面抛光的亚克力板，可以使用正面和背面来分别表现微

模型制作概况

制作时间：大约15min/难易程度：★★

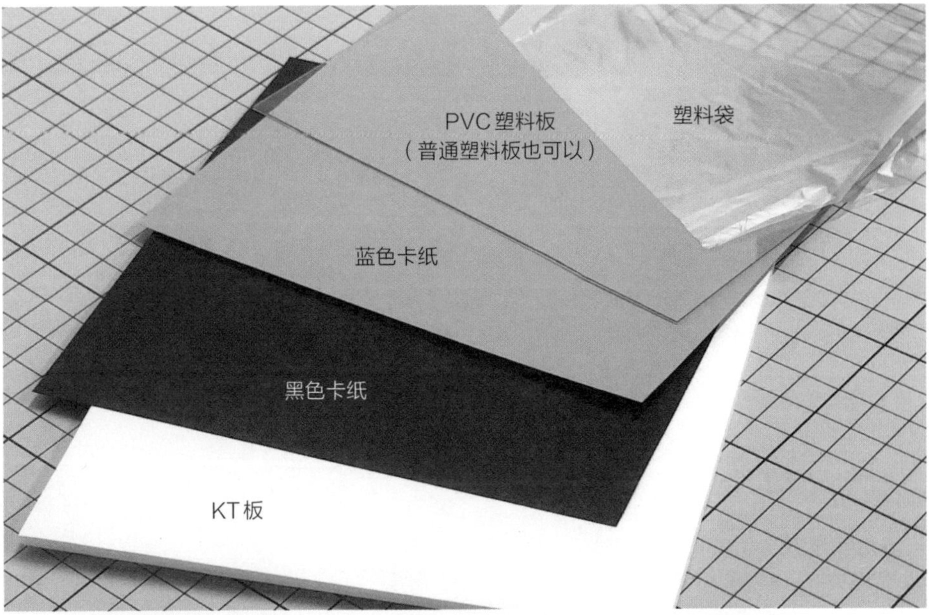

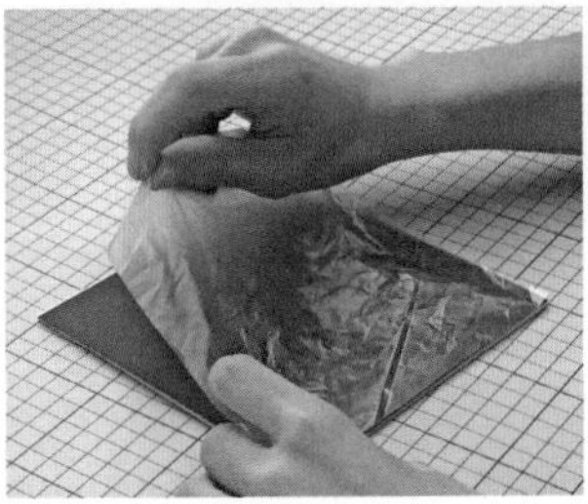

❹在塑料袋上喷上胶水，保持其稍微起皱的状态，粘贴至底板上。

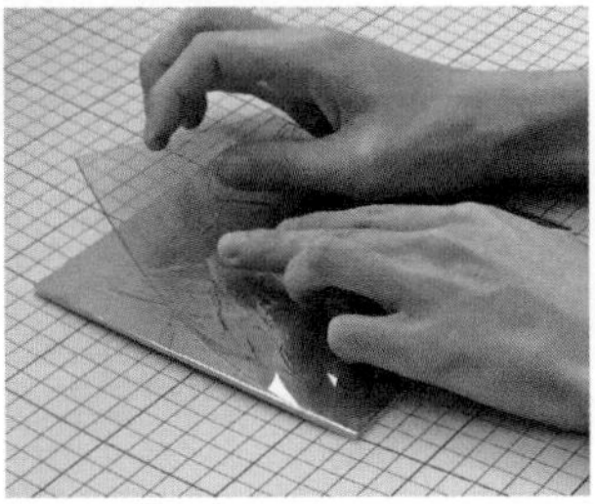

❺在PVC塑料板上均匀地喷上胶水，粘贴至塑料袋表面上。

❻通过PVC塑料板即可表现出水面的倒影效果。

波荡漾的水面和平静的水面。

不同材料的组合示例/波纹肌理的亚克力板的抛光面

08 树脂液制作浅滩

s=1 / 50

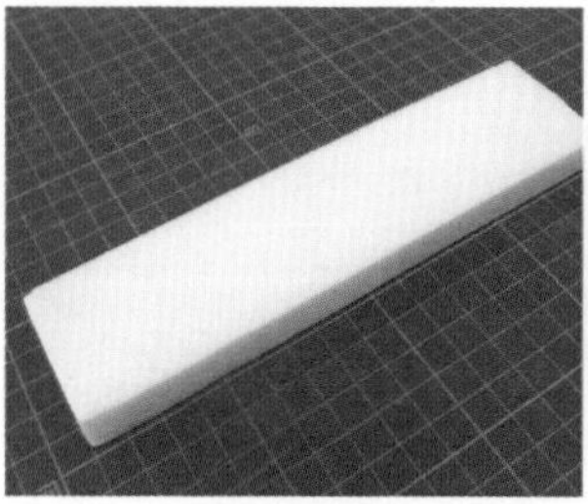

❶根据要制作的模型的大小和形状，将作为基础的聚苯乙烯泡沫用切割机进行切割。

❷将黑色颜料与石膏粉混合在一起，调和成灰色的膏体。

❸将上一步调制出的灰色膏体均匀涂抹在切割好的聚苯乙烯泡沫上。

可以轻易制造出真实水面效果的UV胶。

这种制作方法不适合大面积使用，只适合小型的水面。如果想添加波浪的效果，可以使用黏度较高的啫喱质地的颜料，借助一次性筷子或者绘画工具就可以轻松地制作出波浪起伏的水面。

模型制作概况

制作时间：大约20min/难易程度：★★

❹在涂抹好灰色石膏的聚苯乙烯泡沫四周贴上胶带，胶带高出泡沫一些。倒入UV胶。这里使用的是绿色的UV胶。

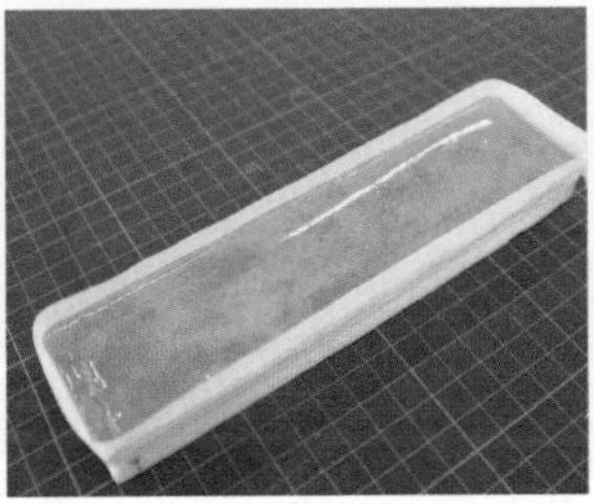

❺在有阳光照射的地方放置5~10min。

❻待UV胶凝固后，将之前贴上的胶带撕除，并用美工刀将边缘的部分裁切整齐。

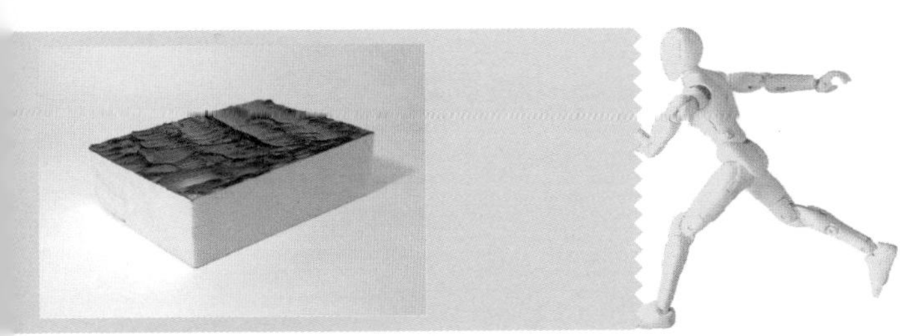

利用啫喱质地的颜料表现波浪起伏的水面

09 可清晰衬托方案的周边建筑模型

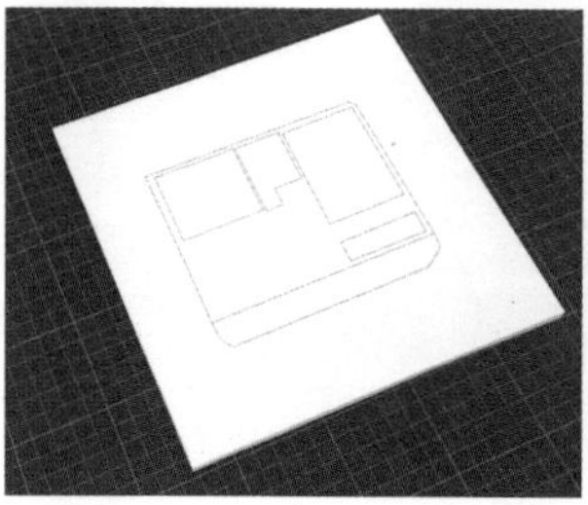

❶ 绘制周边场地的地形图，用喷雾剂贴在作为地面底板的雪弗板上。

❷ 用美工刀顺着建筑物的轮廓线划出切口。

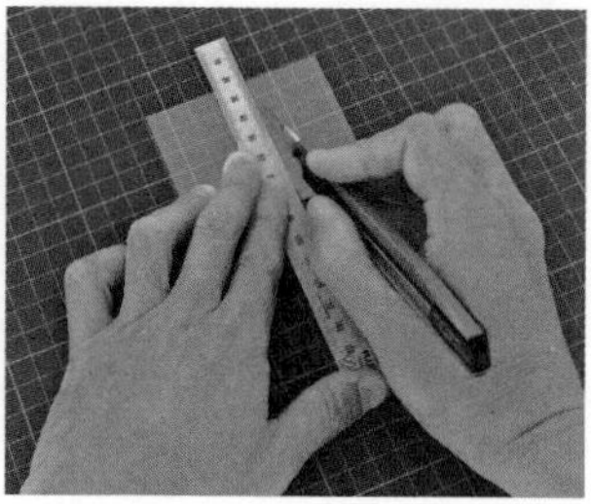

❸ 按照建筑物的高度将PVC板切成条状。0.3mm左右厚度的PVC板容易加工，且容易嵌入底板中。

因为是透明的材质，所以即使建筑较为密集，也能强调和突出方案。

用透明的PVC板制作周边建筑的形体。在OHP投影片上印上调整好比例的周边建筑的立面照片，然后放入PVC板内侧。这种方式可以更生动具体地表现用地的周边环境，又不会抢占主体建筑模型的视觉地位。

模型制作概况

制作时间：大约30min/难易程度：★★

PVC塑料板（或者普通塑料板）

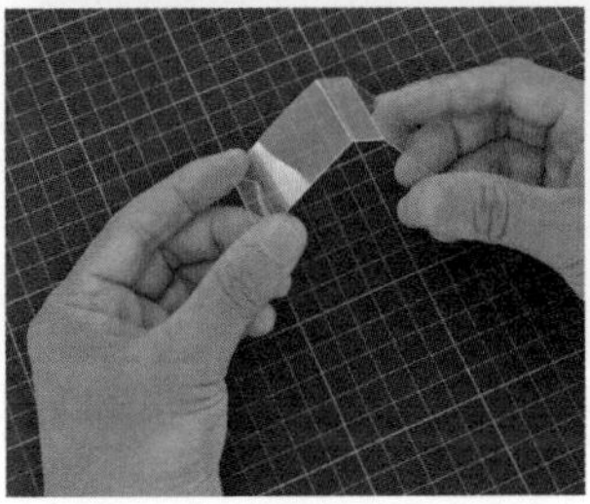

❹在转折处用美工刀轻轻划一下，然后进行弯折。

❺把弯折后的PVC板插进雪弗板建筑底板的切口中。

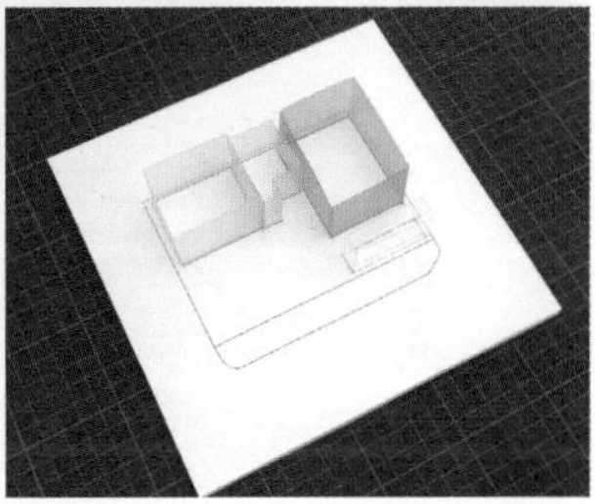

❻PVC板的种类不同，在模型中的视觉效果也不一样。使用具有一定透明度的清透板材不会造成压迫感。

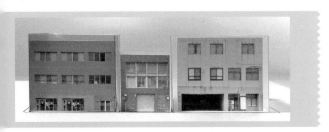

放置立面照片后的样子

10 无纺布制作的精致草坪

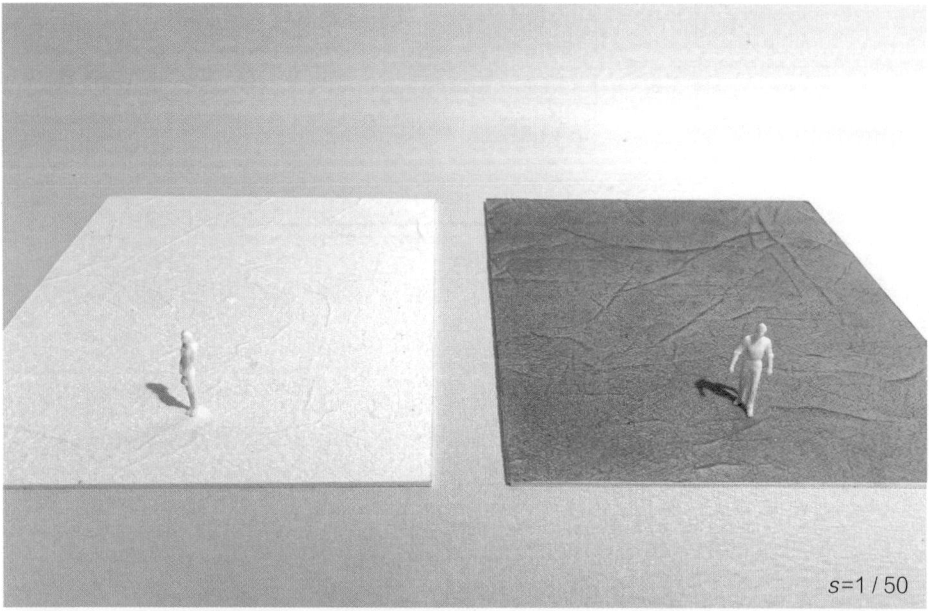

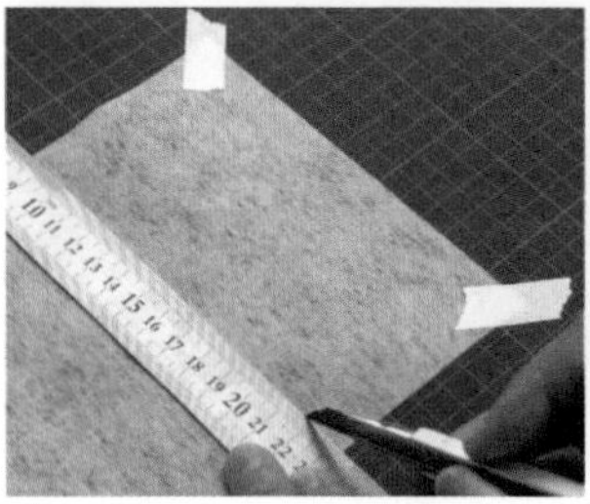

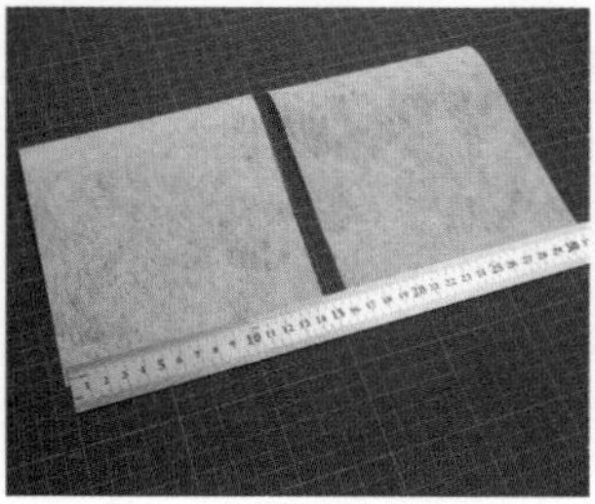

❶ 将无纺布裁切成需要的大小。操作时用胶带将无纺布固定在切割垫上，会更容易裁切。

❷ 将无纺布裁切成基本均等的大小。

❸ 在无纺布上喷上胶水，粘贴在作为基础的KT板上。

利用无纺布的纹理来表现草坪。

完成第3个步骤后可以给无纺布上色。对2张合起来的无纺布的相合那两个面进行喷涂着色，可以实现十分细腻的色彩效果。也可以直接在无纺布表面用彩色铅笔进行上色。如果在基础的KT板上贴上深色的彩色卡纸，就会更加突出无纺布的纤维纹理。采用不同底色的KT板底

模型制作概况

制作时间：大约10min/难易程度：★

❹ 将第2张无纺布贴在KT板表面。用工具剐蹭无纺布表面，使其起毛，形成类似草坪的视觉效果。

❺ 也可以使用农用无纺布等其他不同种类的无纺布。

❻ 农用无纺布很薄，颜色深浅不均，用深色KT板作为底板能进一步强调和突出其纹理感。

板，不同种类和颜色的无纺布，加上不同上色方式，三者相互搭配，可以产生多种组合，表现多样的草原和草地等模型效果。操作过程中还可以制作多个样本进行保存，以方便后续使用。

11 泡沫纸制作的平整草地

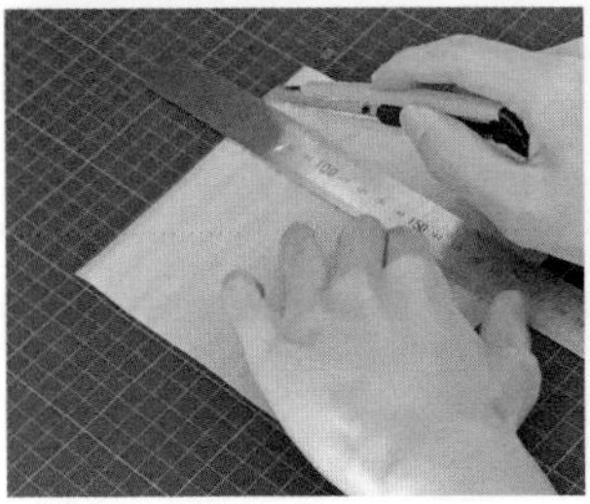

❶将泡沫纸裁切成所需的大小。

❷用彩喷给裁切好的泡沫纸着色。

❸重复叠加上色，就会有自然的色彩深浅变化。

用泡沫纸可以表现隐约能看见割草后留下的线条肌理的草坪。

泡沫纸质地柔软，可以灵活地贴合底板形状，即使存在高低起伏的微地形也可以使用。泡沫纸也有很多种类，使用具有光泽感的泡沫纸可以表现出一种湿润感。需要注意的是，用彩喷上色有可能造成上色后的泡沫纸上的纹理不明显的情况。

模型制作概况

制作时间：大约30min/难易程度：★★

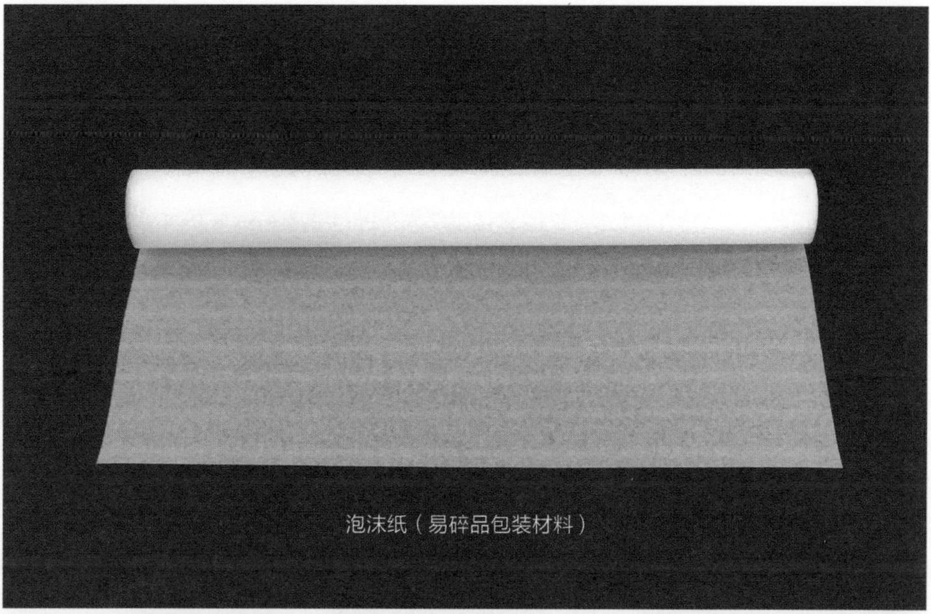

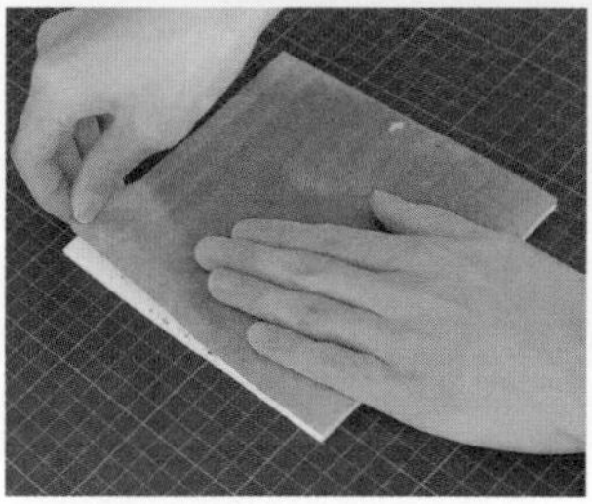

❹在着色的包装材料上喷上胶水，贴在KT板等做成的基础底板上。

❺还可以用马克笔绘制纹理。

❻制作完成。

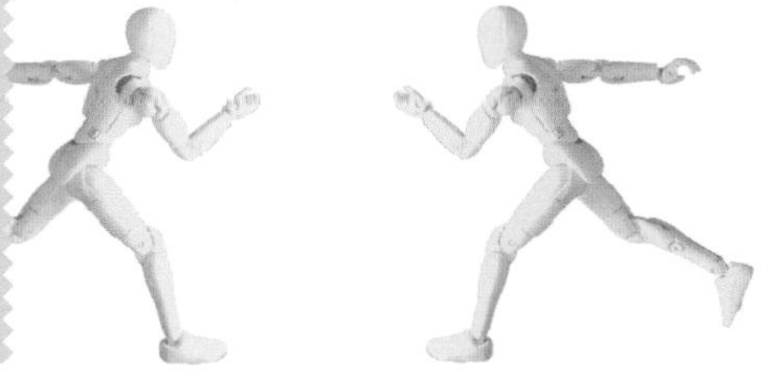

12 纸绳制作的田园风景

❶ 按照想要制作的模型大小，对纸绳进行裁剪。

❷ 将纸绳贴在已经喷上胶水的KT板制作的模型底板上。

❸ 将纸绳紧密排列，避免纸绳之间存在缝隙。

纸绳之间的连续线条看起来就像农田里的田垄。

因为纸绳的肌理是由规矩的线条组成，相较完全自然的植物景观，这种方法更适合表现人工植栽。纸绳有各种各样的颜色和宽度，白色的纸绳可以用不同的颜色进行着色，用于表现草坪以外的其他各种形式的植物景观。

模型制作概况

制作时间：大约15min/难易程度：★★

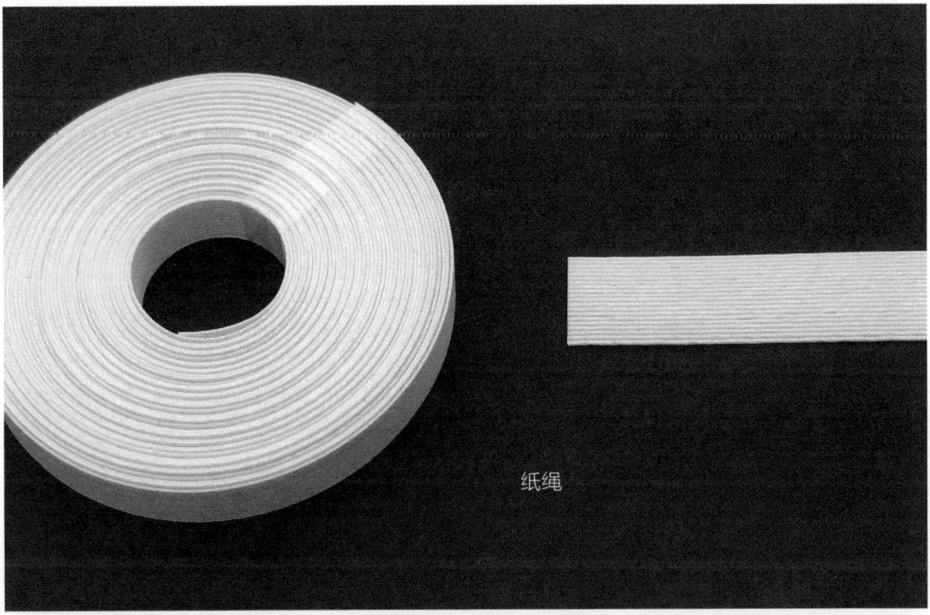

❹ 即使是纯白色的纸绳，也能达到很好的草地素模效果。

❺ 用砂纸摩擦纸绳表面，可以使纸面的质感变得粗糙，更容易着色。

❻ 用水稀释颜料，将海绵浸入其中，再借助海绵给纸绳上色，这种着色方法会产生适当的不均匀，能达到更为自然的效果。

不同颜色和不同宽度的纸绳

13 用日本和纸的凹凸肌理表现旷野

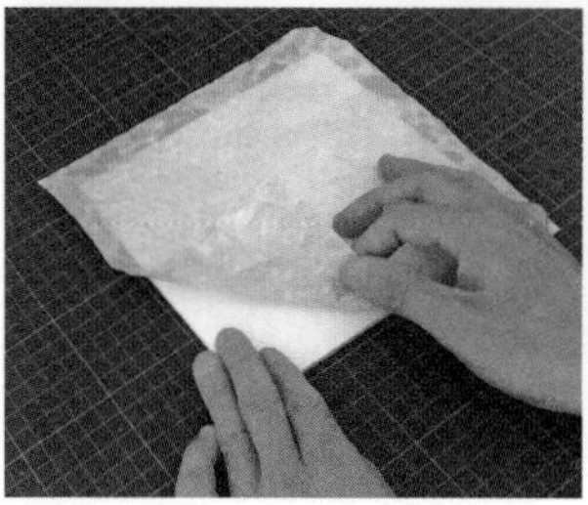

❶ 如果想利用和纸本身的颜色，可以准备一张比想做的模型尺寸更大的和纸。将和纸放在KT板上。

❷ 用刷子将稀释后的淀粉胶水涂在KT板上，再将和纸覆盖在底板上。

❸ 风干之后的和纸会紧贴在KT板表面，将边缘部分稍加整理即可。

和纸的质感能表现出淡雅柔和的模型氛围。

和纸有各种各样的种类，所以可以表现不同的氛围。用揉纸等手法使和纸产生凹凸和褶皱的肌理之后进行着色，颜色会产生浓淡不一的变化，颜色层次更为丰富有趣。另外，在胶水干透之前用手指摩擦表面，和纸的纤维会起毛，使材质肌理发生变化。粘贴和纸的时候，比起喷

模型制作概况

制作时间：大约30min/难易程度：★★

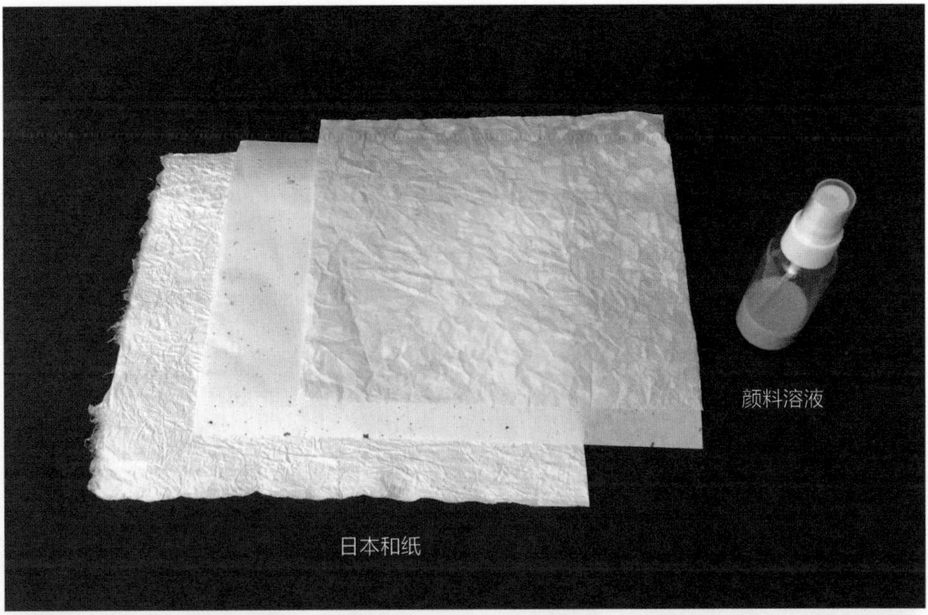

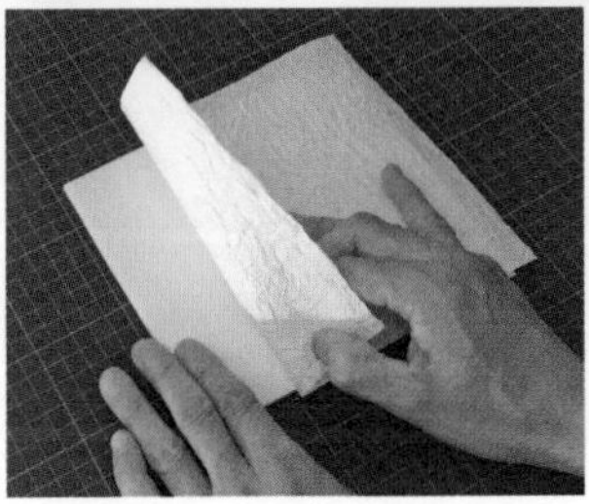

❹下面讲解如何给白色和纸进行上色。和步骤2一样，将和纸放在KT板上。

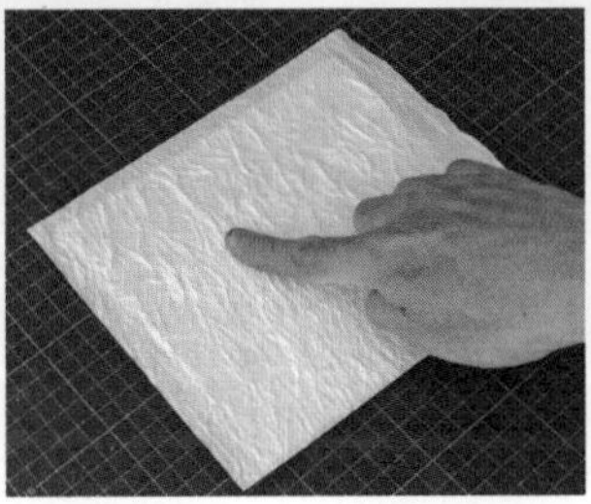

❺涂刷胶水。在胶水干透之前用手指调整和纸的褶皱。褶皱的大小需要考虑模型的比例。

❻将稀释好的浅色颜料溶液喷在和纸上。多次重复喷涂可以增加颜色深度，也可以用笔调整颜色。

雾型胶水，用刷子涂刷水溶性胶水会更容易调整褶皱和摩擦起毛的形态效果。

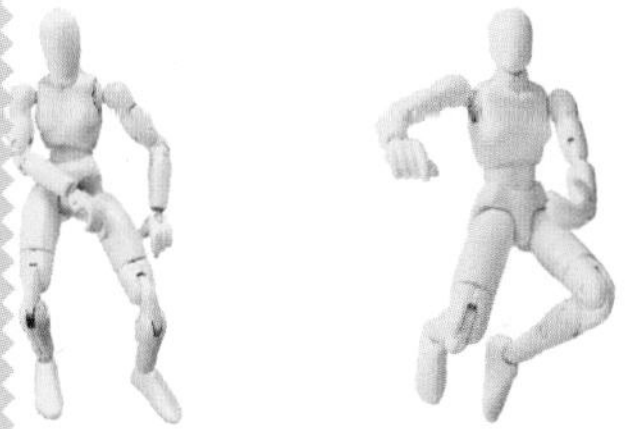

14 纸黏土制作雪景

❶将聚苯乙烯泡沫切成适当的大小。边角料也可以利用。用刮刀进行切割会产生比较自然的边缘形态。

❷把聚苯乙烯泡沫贴在底板上。整体调整形成自然的凹凸起伏的肌理。

❸在聚苯乙烯泡沫上盖上纸巾，将纸黏土溶解在水中，用毛笔将纸黏土溶液涂在纸巾上，平整聚苯乙烯泡沫的凹凸肌理。

纸黏土可溶于水制成溶浆，满足多种模型制作需求。

纸黏土溶浆的制作方法是，先将纸黏土掰碎成小块，放入盛有热水的容器中，用刷子等工具不断搅拌溶解。要注意纸黏土溶浆的含水量，若水分太多，后续很难凝固，并且干燥后容易变形，能立起来的半凝固状态是比较理想的。

制作时间：大约60min/难易程度：★★★

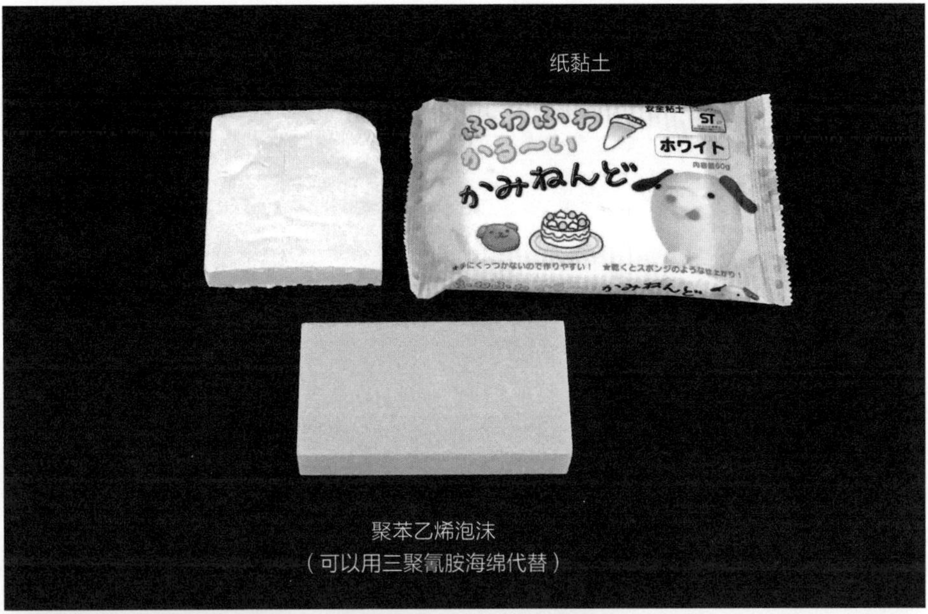

❹涂刷成较为平整的形状后，在纸黏土风干之前在表面覆盖一张纸巾，两者保持紧密贴合。

❺待表面风干之后，在表层均匀地喷上胶水。然后用刮泥器将凝固结块的纸黏土刮成碎屑状。

❻重复2~3次上一步的操作，直到碎屑覆盖较完全，泡沫的间隙变得不明显为止。最后喷上胶水固定，防止纸黏土碎屑掉落。

溶解后的纸黏土溶浆

15 人造毛皮制作风吹过的雪原

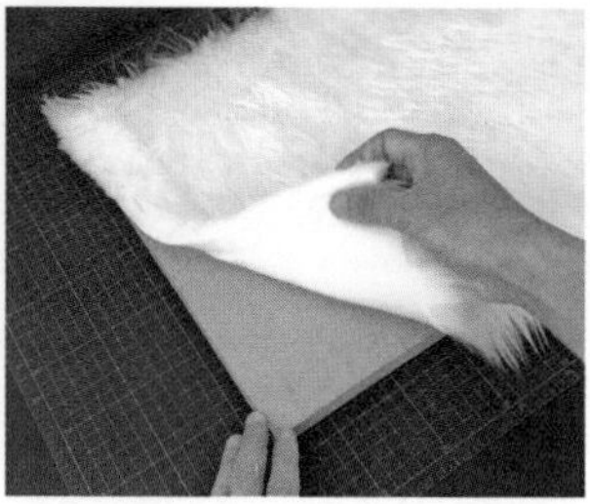

❶ 准备薄片状的人造毛皮。毛皮的长度用于表现积雪高度，所以要选择符合模型比例的、毛长度适宜的人造毛皮。

❷ 为方便后续拧细螺钉，模型底板要用木材。在人造毛皮的背面喷上胶水，将其粘贴在底板上。

❸ 用细螺钉将亚克力板拧紧锚固在毛皮和底板上，可以表现除雪后的道路以及积雪被压实的区域。

Point

人造皮毛可以很好地实现蓬松的、充满空气感的模型表达效果。

通过置入一些小的装置物可以更好地表达积雪的深度。用剪刀把人造毛皮剪开，可以表达雪地上的路径。另外，如果是带颜色的人造皮草，除了积雪以外，还可以用来表现草地和草原。

模型制作概况

制作时间：大约45min/难易程度：★★

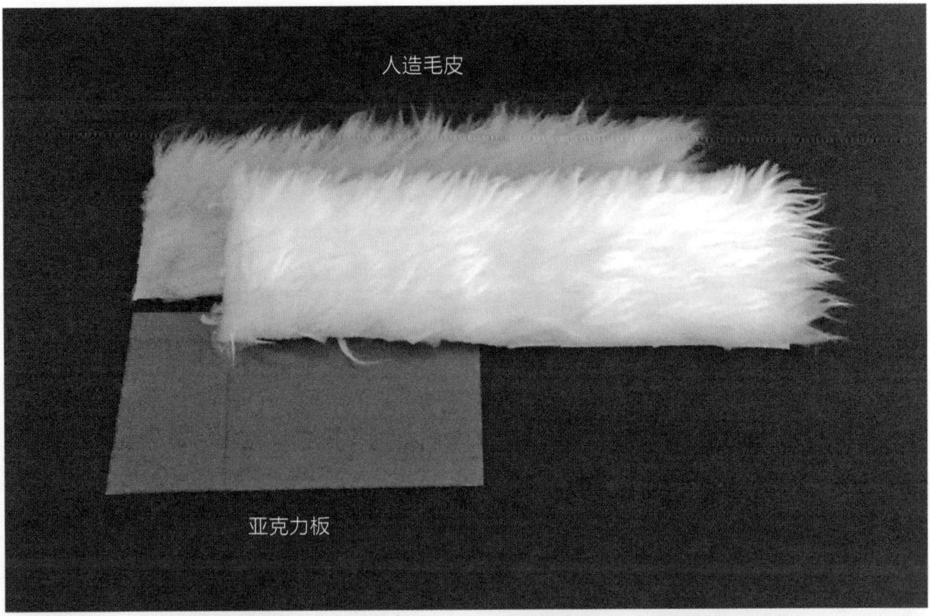

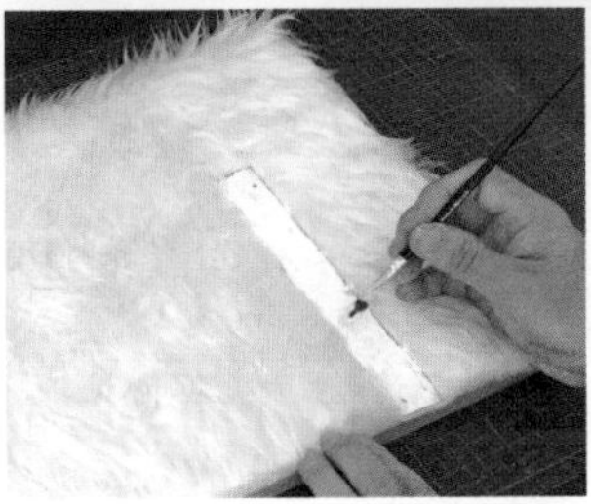

❹为了隐藏细螺钉裸露在外的部分，需要在亚克力板表面涂上石膏。

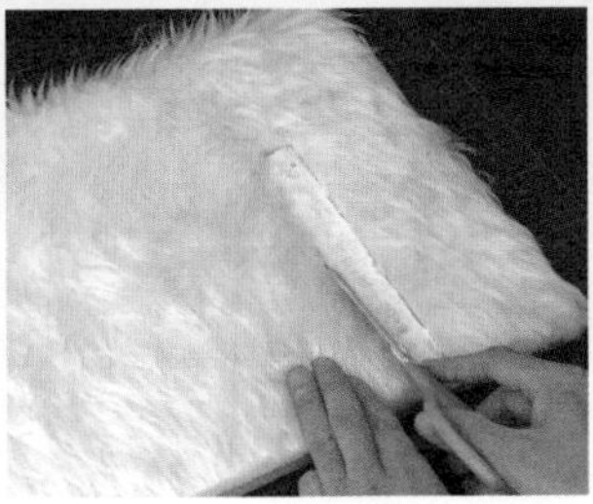

❺用剪刀修剪人造毛皮，对毛皮的长度进行调整。

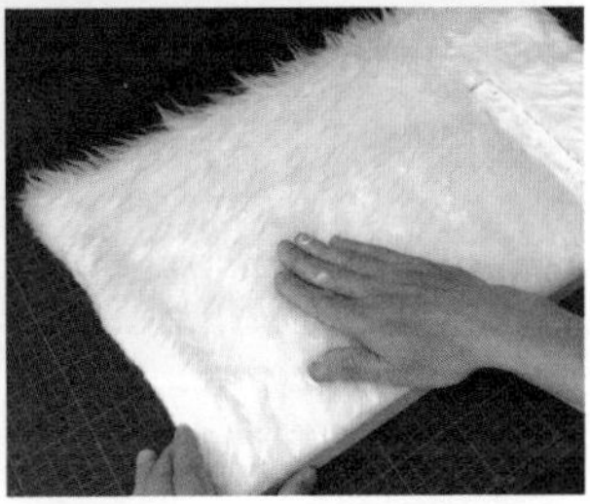

❻用手抚平人造毛皮的表面，通过调整皮毛的方向可以表现出风的方向和律动感。

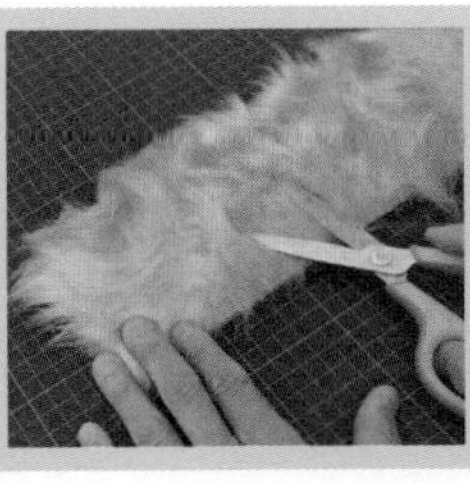

修剪人造毛皮，可以改变表达效果/草原的表达示意图

16 纸黏土制作松软的土壤

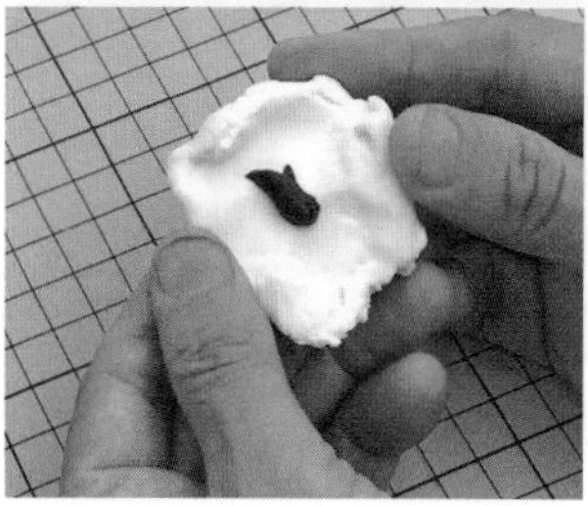

❶ 将颜料包在纸黏土中进行揉捏，使纸黏土上色。

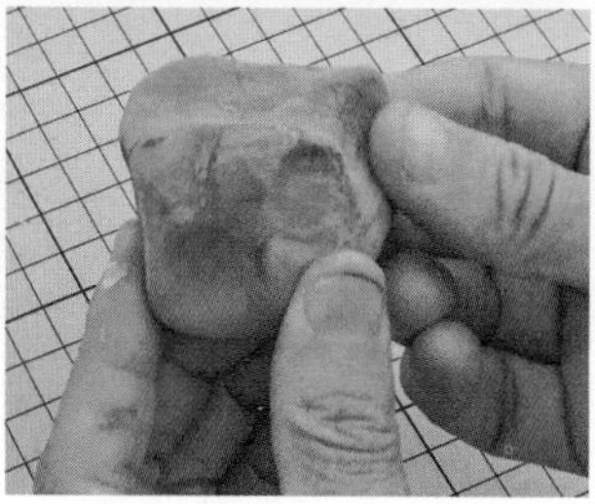

❷ 为了不使纸黏土的颜色太浓，可以少量多次地混合颜料，能更精准地控制颜色。

❸ 纸黏土经过1天左右的时间就会凝固，然后用磨泥器将纸黏土刮刨成碎屑。

可以用纸黏土制作碎屑材料，而且这样制作的价格十分便宜。

特定颜色的碎屑材料价格比较昂贵，可以用纸黏土自制所需颜色的碎屑材料。纸黏土上色后颜色不均匀也没有关系，磨成碎屑后，不同颜色的碎屑混合，整体颜色反而会更为自然。

模型制作概况

制作时间：大约30min（模型风干需要约1天的时间）/难易程度：★★

❹为了进一步磨碎纸浆泥，还可以使用研磨钵。

❺将胶水喷在KT板上，然后将纸黏土碎屑均匀地撒落、黏附在底板上。

❻如果想要在局部加入不同的颜色，可以用滴管滴加用水稀释的黏合剂，再撒上纸黏土碎屑。

上色后的纸黏土颜色有均匀和不均匀两种状态

17 纸巾制作湿润的土壤

❶ 将作为底板的KT板切成所需的大小，撕下多层纸巾中的一层放在KT板上。

❷ 将纸巾折进KT板的背面并进行临时固定，便于后续操作。如果是比较大的板材，可以附上多张纸巾。

❸ 涂刷颜料。可以在多处滴上颜料后再涂刷颜料，这样也可以对纸巾起到一定的固定作用。

褶皱的纸巾可以表现湿润土壤和三合土效果。

可以通过本范例的方法制作不同的纸巾纹理，可以边制作边调整，以达到需要的模型效果。通过改变颜料的颜色和水的量，还可以表现夯土墙、泥砌墙等不同的墙体的效果。

模型制作概况

制作时间：大约30min/难易程度：★★

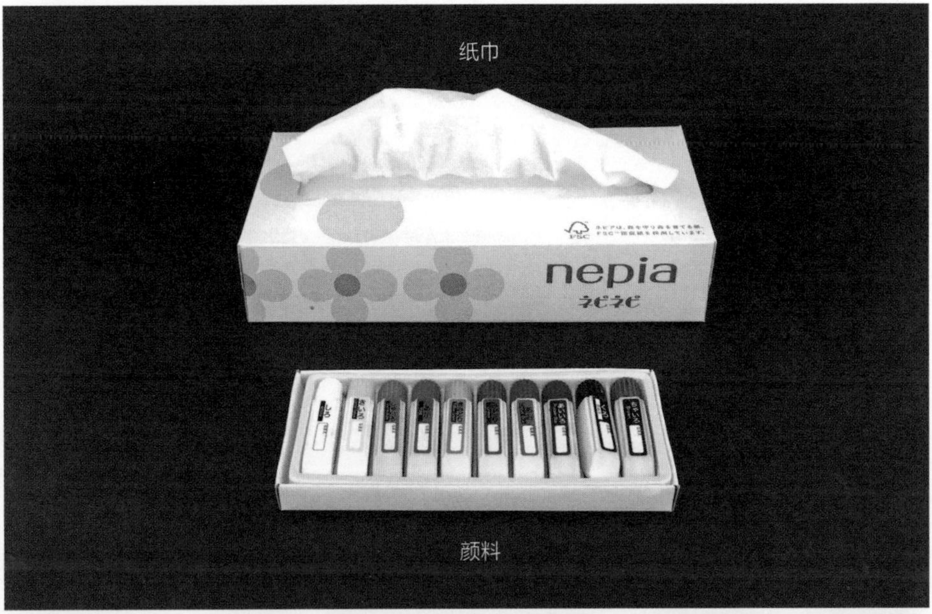

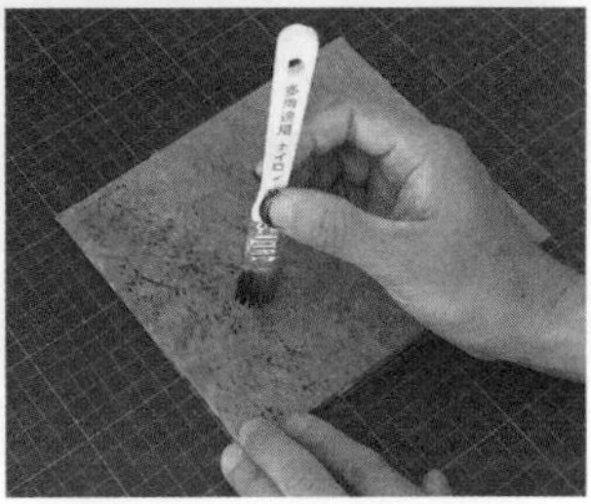

❹ 也可以叠加多种颜色。另外，如果纹理不够凸显可以继续叠加纸巾。

❺ 颜料干燥后，纸巾会完全粘在KT板上。

❻ 最后，可以用笔头蘸取水分，在板子表面涂刷调整颜色，同时也可以丰富肌理。

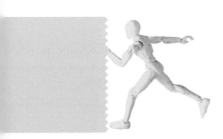

18 石膏+砂砾制作干燥的地面

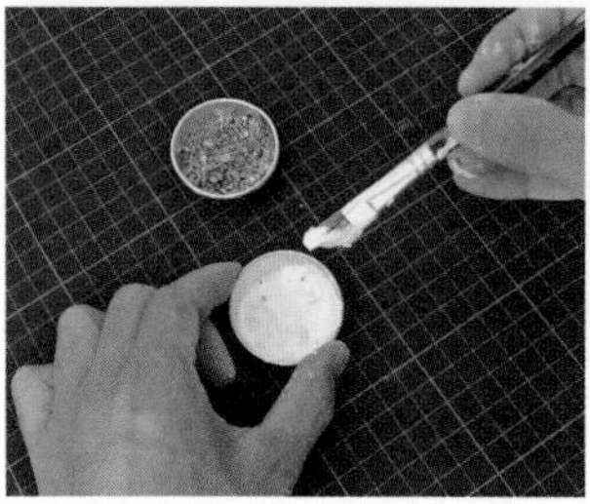

❶将石膏与砂砾充分混合。如果想要着色，可以混入少量颜料。本次制作选择直接使用石膏，不加颜料的做法。

❷石膏与白砂（细颗粒）相结合。

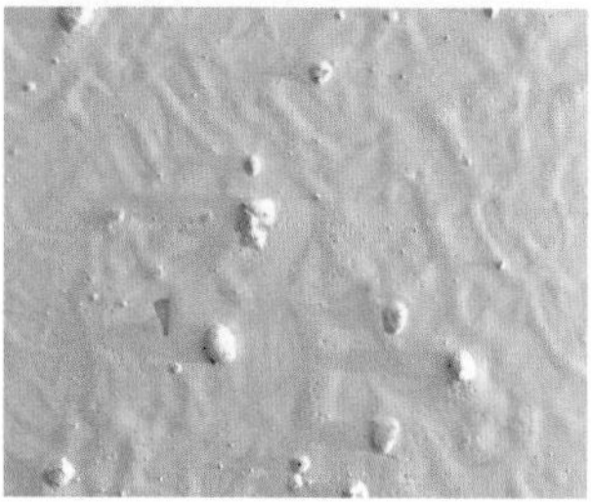

❸石膏与白砂（粗颗粒）相结合。

Point

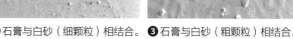

这类干燥而坚硬的纹理适合表现大地和河滩的效果。

制作过程中可以把砂子等材料用研磨工具碾碎，根据模型的比例和表现效果来调整精细度。因为要碾碎坚硬的物质，所以研磨工具和磨刀最好是陶瓷质地。调整砂子和土的量、颗粒大小和颜色，以及着色情况等，可以制作出各种各样的泥土地面表现效果。使用咖啡粉能呈现

模型制作概况

制作时间：大约15min/难易程度：★★

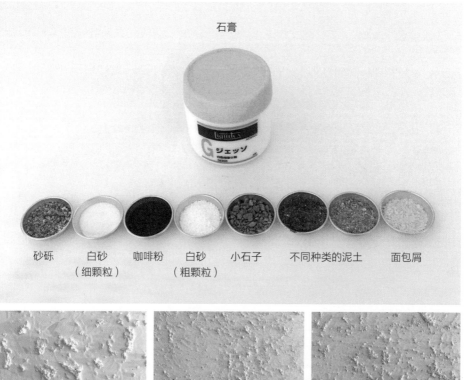

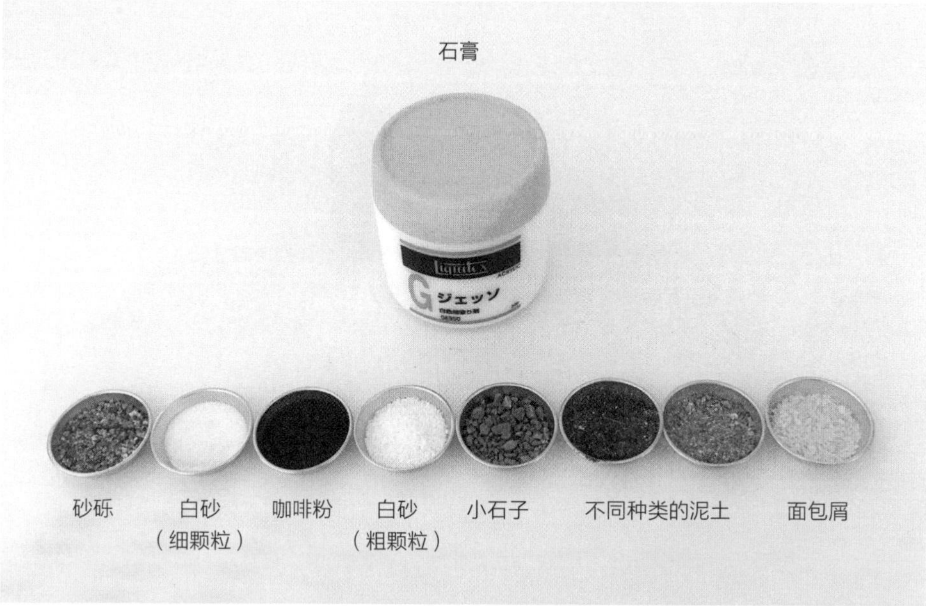

❹石膏与面包屑相结合。

❺石膏与泥土相结合。

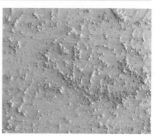

❻石膏与咖啡粉相结合。

出更自然的模型效果其他。除了上述材料之外，也可以尝试使用其他不同颜色和颗粒度的材料。

陶瓷质地的研磨钵/酱油作为着色剂的模型效果

19 刷子制作收割后的田地

❶将石膏涂在作为基础底板的聚苯乙烯泡沫上。

❷在石膏未干的时候撒上栽培土。

❸再将茶包内的茶叶末全部撒至板上。

利用真正的泥土和茶叶末营造极具真实质感的田地场景。

混合起来的砂土和红茶末可以表现出复杂的泥土颜色。另外，如右图所示，通过使用茶色的刷毛，可以营造出不同季节氛围的田地。

模型制作概况

制作时间：大约30min/难易程度：★★

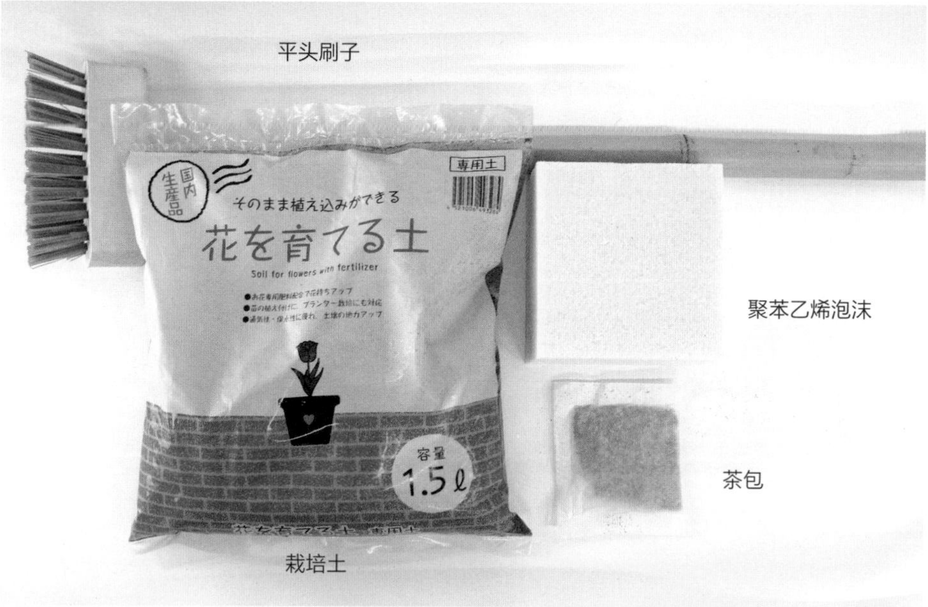

❹用剪刀剪下平头刷子上的毛。

❺用牙签在塑料泡沫上戳洞。

❻把平头刷子的毛一簇一簇地插进洞里。

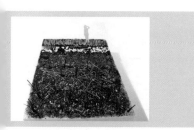

秋冬季节的田地

20 小石子堆成的乡村风石墙

s=1 / 30

❶ 将聚苯乙烯泡沫切成阶梯状。准备石子时，除了准备与模型比例相匹配的，也要准备一些更小的石子用于填充大石子之间的空隙，共计3种大小。

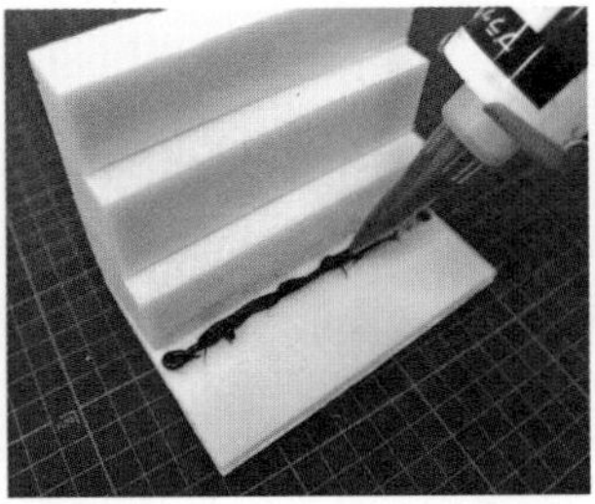

❷ 在聚苯乙烯泡沫上涂上黑色填缝剂。

❸ 在步骤2中涂上填缝剂的位置放上石子。建议第一层用大一点的石子。

Point

用随处可得的石头就能简单地表现出乡村特有的自然石砌筑的石墙。

如果在石头和石头之间夹上仿真苔藓，或者增加石头将石墙变厚，可以使墙体变得更逼真。

模型制作概况

制作时间：大约30min/难易程度：★★

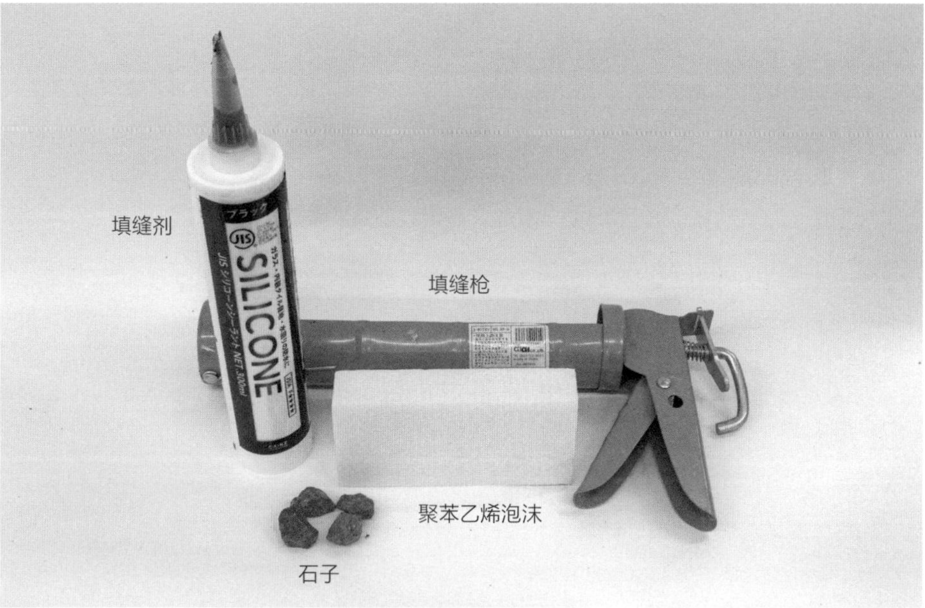

❹重复步骤2和3，把石头堆叠起来。在保持平衡的前提下可以对石子进行自由布置。

❺石子与石子之间用黑色填缝剂固定。

❻为了不让人看到里面的聚苯乙烯泡沫，可以在缝隙中用填缝剂进行填充，再填上小石子。

加上仿真苔藓的石墙

21 泡沫塑料制作人字纹石砌护墙

s=1 / 50

❶用美工刀将聚苯乙烯泡沫分别切成1mm、2mm和3mm厚度的薄片。

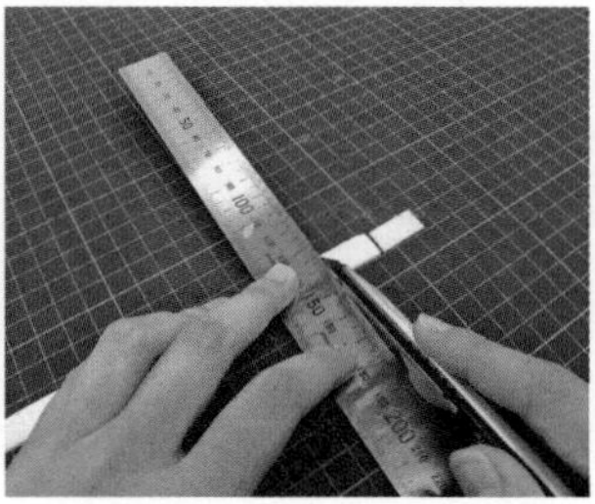

❷将第一步制作好的材料切割成比例为2：1的四边形。本案例的尺寸是10mm×20mm。

❸在作为基底的聚苯乙烯泡沫上贴上双面胶，将第2步制作好的薄片贴在上面。为了制造凹凸不平的形状，厚薄不同的塑料泡沫要交错排列，这样更能体现真实性。

聚苯乙烯泡沫的边角料也可以被充分利用。

结合仿真苔藓和小石子，可以实现更逼真的模型效果。水岸设施的制作方法可以参照28页。

模型制作概况

制作时间：大约30min/难易程度：★★

颜料　　聚苯乙烯泡沫　　石膏

❹用美工刀仔细修剪超出聚苯乙烯泡沫底板的部分。

❺黑色的颜料与石膏混合在一起，调制出类似混凝土的灰色混合物。

❻将灰色涂料均匀涂抹在前面制作好的模型上。

水岸设施的表现效果

22 砂纸制作网格形式的砌筑表面

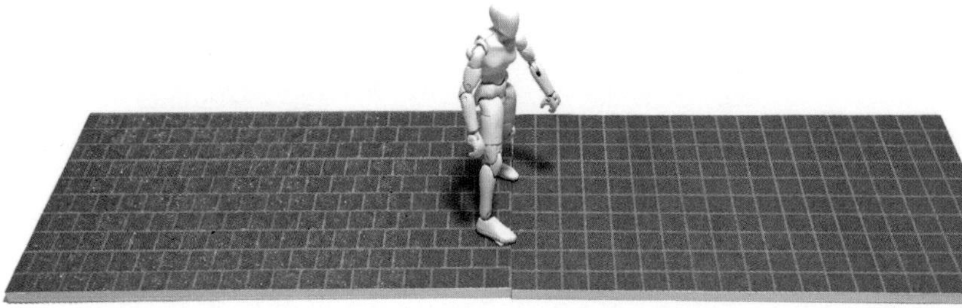

s=1 / 20

❶ 将砂纸用木头等稍微摩擦一下，使其颜色变得不均匀，可以增加模型的质感。

❷ 用厚度1mm左右的不锈钢尺或钉子前端在砂纸上划线，表现砖块间的接缝。

❸ 将砂纸裁切成需要的大小，用胶水喷剂粘贴在雪弗板上。这是一种规则网格形式接缝的砌筑墙面或地面的模型表现方式。

Point

利用耐水纸表现玄关常见的地面砖铺的效果。

使用耐水纸可以实现自由形状石材铺装的模型效果。用签字笔在耐水纸的背面画出图案，然后用美工刀切下。将剪下的耐水纸粘贴在喷了胶水的底板上。为表现接缝，耐水纸之间随机地留一些间隙。在表面上用锉刀摩擦或用彩色铅笔上色，能突出和强调石头的纹理。

模型制作概况

制作时间：大约30min/难易程度：★★

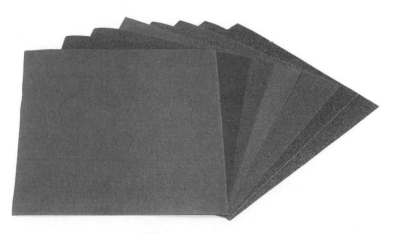

砂纸

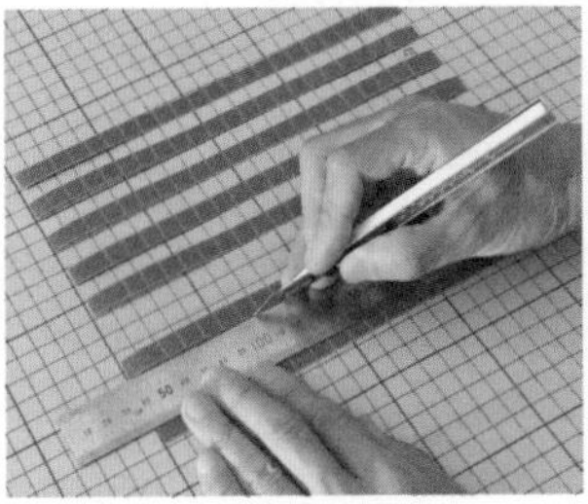

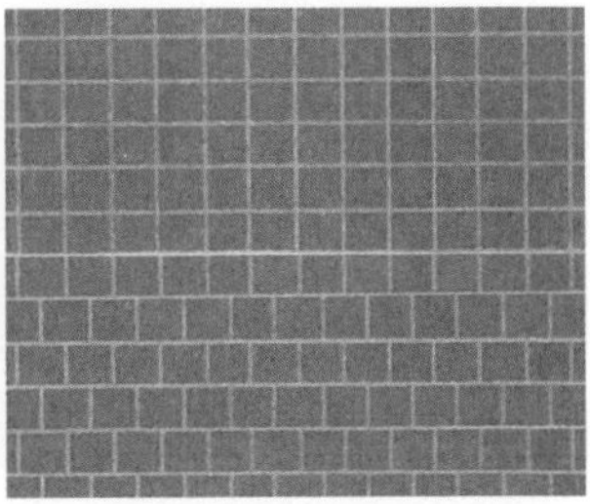

❹ 如果想表现错缝砌筑的墙面，就按照步骤2的网格划分将砂纸用美工刀裁切成条形。

❺ 拼贴在雪弗板上时，每行材料错开半块瓷砖的位置。

❻ 最后用较光滑的木材等摩擦一下表面，或者用彩色铅笔着色，给人更自然的印象。

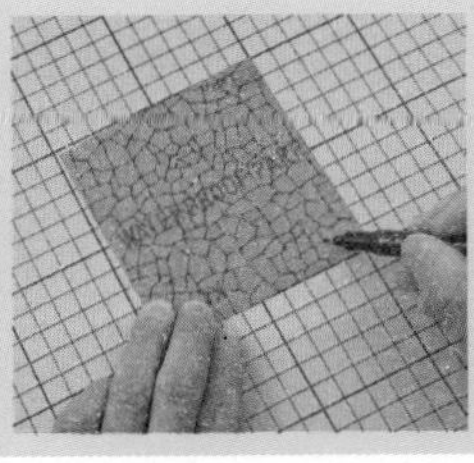

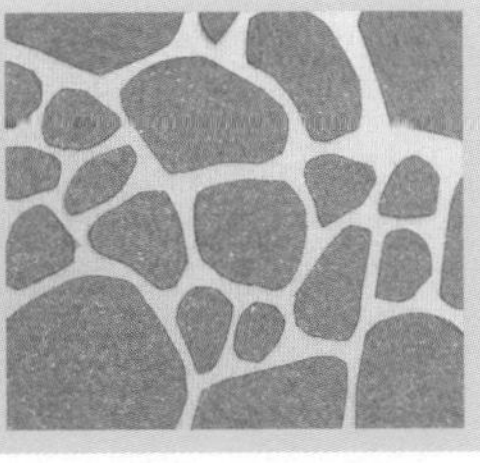

用签字笔绘制的石头图案/自由形石材拼贴的模型表现

23 仿真苔藓制作行道树

s=1 / 50

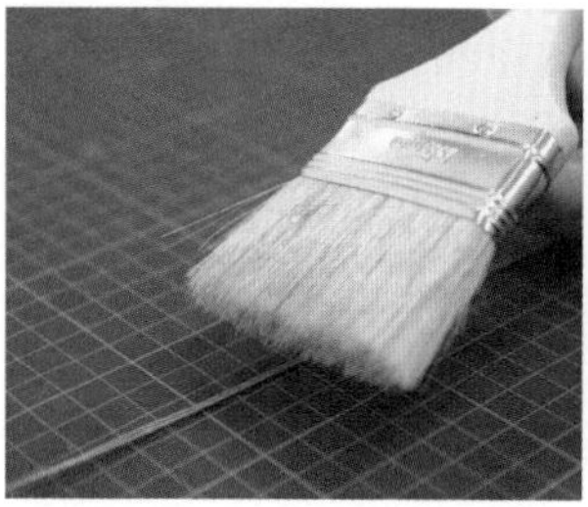

❶ 用颜料给可塑形金属丝进行上色。

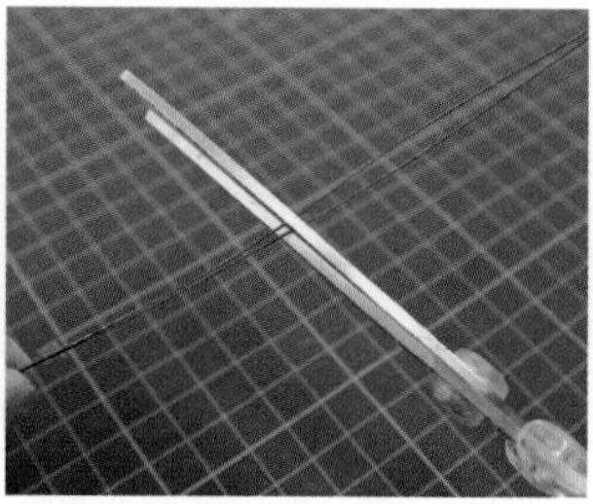

❷ 裁剪金属丝，长度大约是想做的树木高度的4倍。

❸ 金属丝均分对折2次。

利用可塑形金属丝和仿真苔藓可以很容易地制作大小不一、形状各异的模型树木，而且视觉效果很逼真。

很多花艺材料都可以用于树木模型的制作。比如利用海绵和棉花，就可以表现出不同类型风格的树木。

制作时间：大约15min/难易程度：★

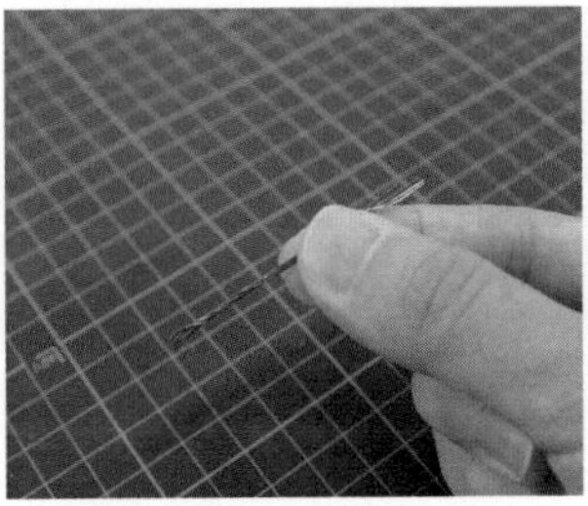

❹对折后的铁丝一端形成闭合，并从这一端开始拧紧金属丝制作成树干。

❺将金属丝的另一端伸展开，调整成像树枝一样的形状。

❻利用木工胶，将仿真苔藓缠绕粘贴在作为树枝的金属丝上。

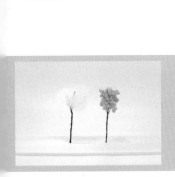

使用棉花和海绵制作的树木模型

24 满天星干花制作纤细的行道树

s=1 / 50

❶根据需要制作的模型树木高度裁剪满天星干花，并将根部斜切，使材料更容易插到基础底板上。

❷只留下树枝，将末梢的花朵（白色棉絮状）全部取下。

❸如果枝条过于分散，可以用手指轻轻揉捏，使其聚拢变细。

Point

将满天星干花的花换成纸黏土粉末，就能表现出茂盛并具备轻盈感的树木。

虽然可以直接利用满天星干花，但如果将其拆解使用，进行模型制作的范围就会扩大。粗的枝条可以用来做树干，细的茎和顶端的枝条可以用来做小型的植物，花的部分可以用来做观叶植物和田里的农作物。在粘取纸黏土的时候，如果不使用胶水，也可以使用喷胶替代。

模型制作概况

制作时间：大约30min/难易程度：★★

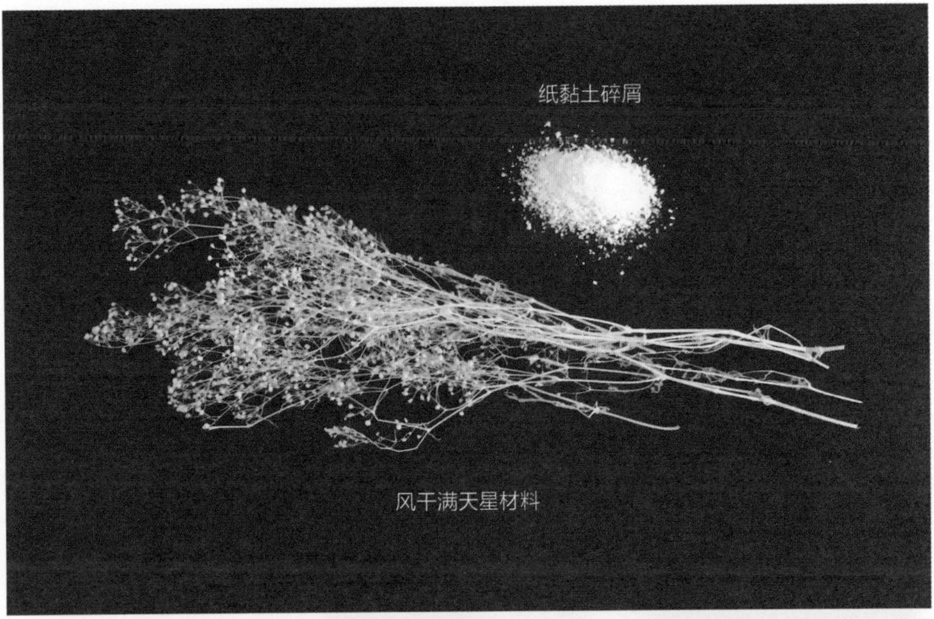

❹ 如果想改变树木枝干的颜色，可以在这个阶段用彩喷进行着色。

❺ 在枝干的顶端涂上胶水，粘取纸黏土碎屑（制作方法见44页）。

❻ 注意不要粘取太多纸黏土碎屑，以免破坏“树冠”的轮廓线条。

另外，除了海绵和纸黏土碎屑以外，把真正的叶子碾碎后粘在枝干顶端，也可以形成非常有趣味的模型效果。

25 枯树枝制作果树

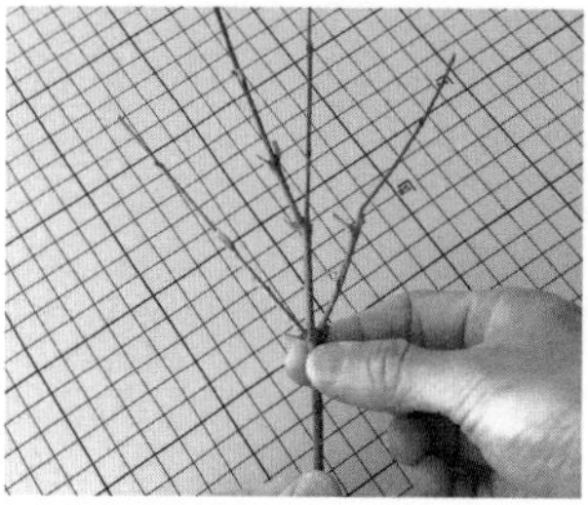

❶ 准备与要制作的模型大小相匹配的树枝。需要注意的是，树枝最好要提前晒干。

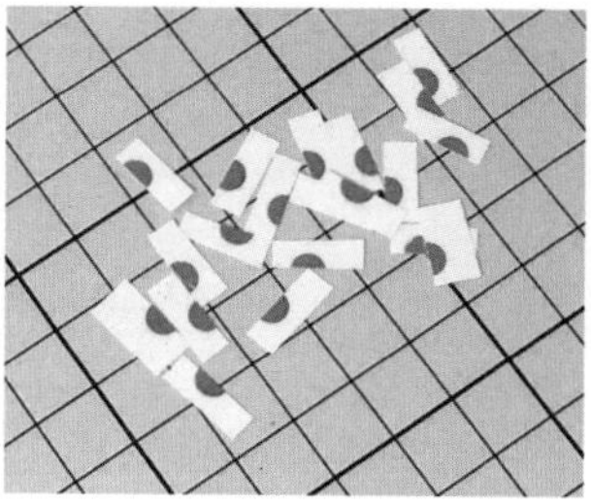

❷ 把绿色的圆形贴纸切成两半，用来制作模型树的叶子。

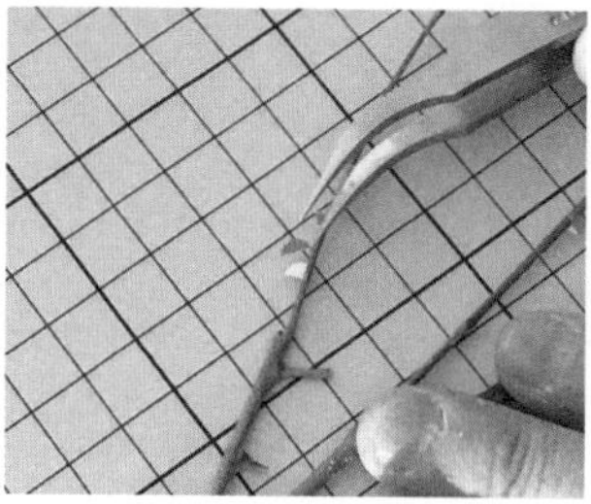

❸ 绿色的贴纸沿着枝干两侧，两两相对贴在树枝上。

捡来的树枝也可以作为原材料制作建筑模型，搭配不同的果实则可以表现出不同的季节。

制作模型使用的树枝不一定是新鲜的，也可以利用掉落在公园里的枯树枝。在制作模型的过程中，为了使枝条更加自然，可以选择用粘贴材料对树枝进行连接。塑料泡沫小球有各种各

模型制作概况

制作时间：大约30min/难易程度：★★

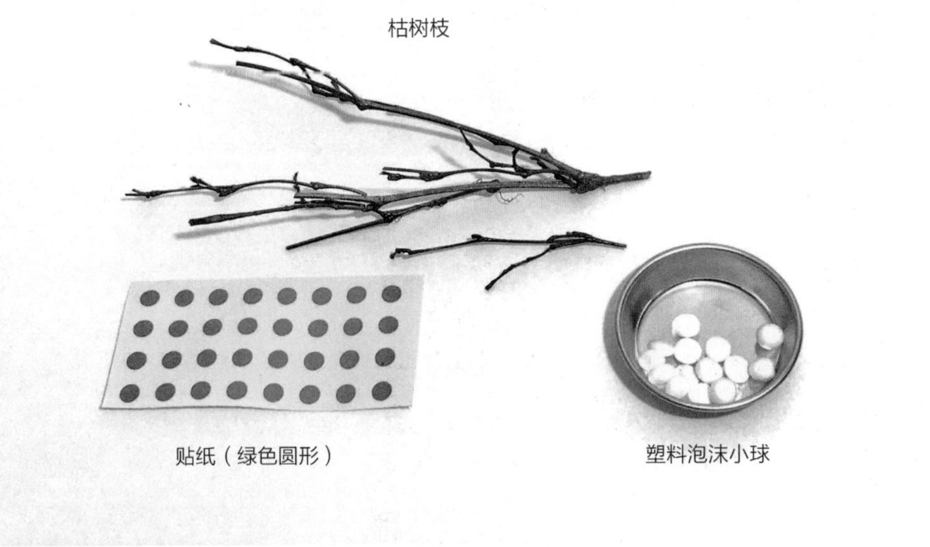

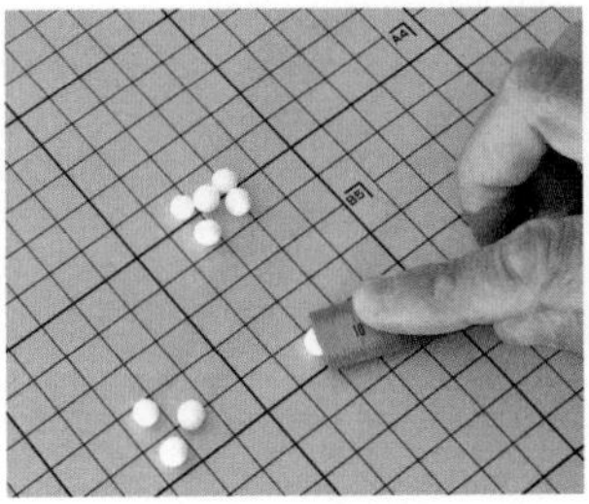

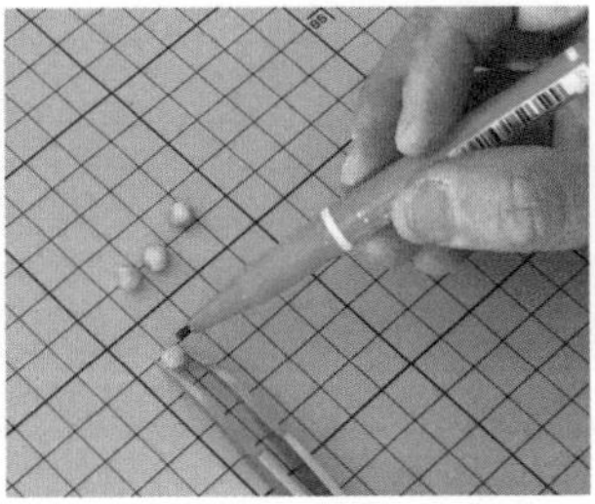

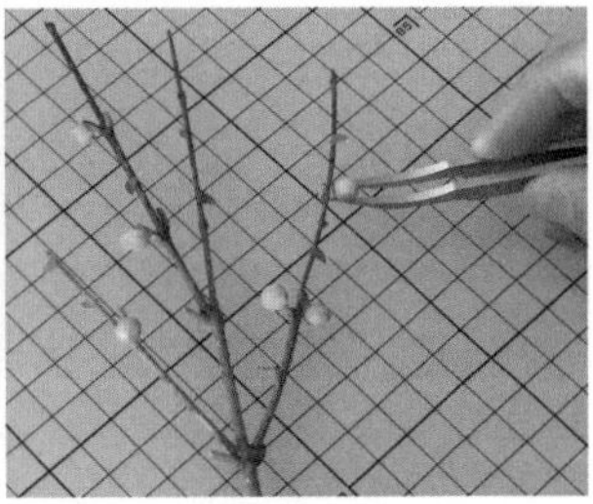

❹利用塑料泡沫小球来制作树木上的果实。规则完整的球形不太自然，可以将球体稍微压扁，显得更为真实。

❺压扁后的球体看起来已经很像果实，进一步用油性笔进行着色会显得更为真实。

❻用胶水把果实粘在树枝上，要注意果实的分布，使其均匀自然。

样的种类和尺寸，可以根据模型树和果实的大小来选择。

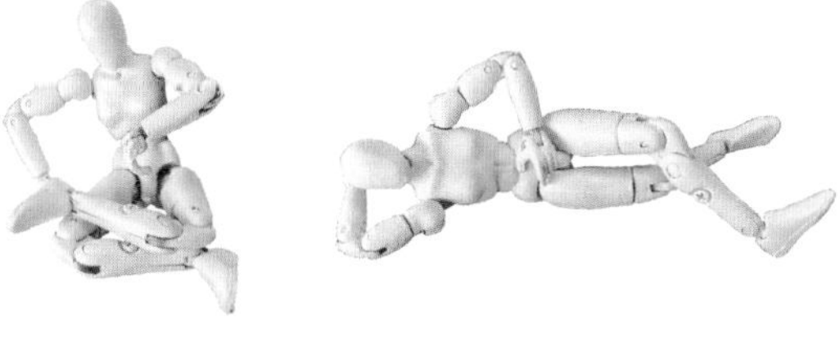

26 棉絮制作可透光的树

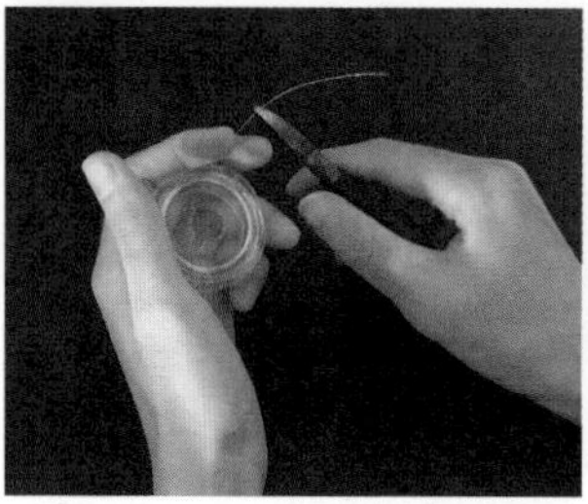

❶ 制作树干。将10根彩色金属丝裁剪成想要制作的树高度的2倍左右。

❷ 将彩色金属丝对折，聚成束，拧紧1/3左右，做成树干。

❸ 将几根金属丝拧在一起来表现树枝，并把树枝分布的方向进行适当调整，使其看起来比较自然。

Point

光线透过棉花投射出美丽的阴影，就像阳光透过树木一样。

为了配合棉花的颜色，示范案例将金属丝也涂成了白色保持整体色调的统一感。棉花如果不着色则更能强调阳光的通透性，较为适合白色模型。在树干部分涂抹着色石膏，并在棉花上用彩喷上色，还可以表现出多种不同的树种以及不同的季节观感。

模型制作概况

制作时间：大约20min/难易程度：★★

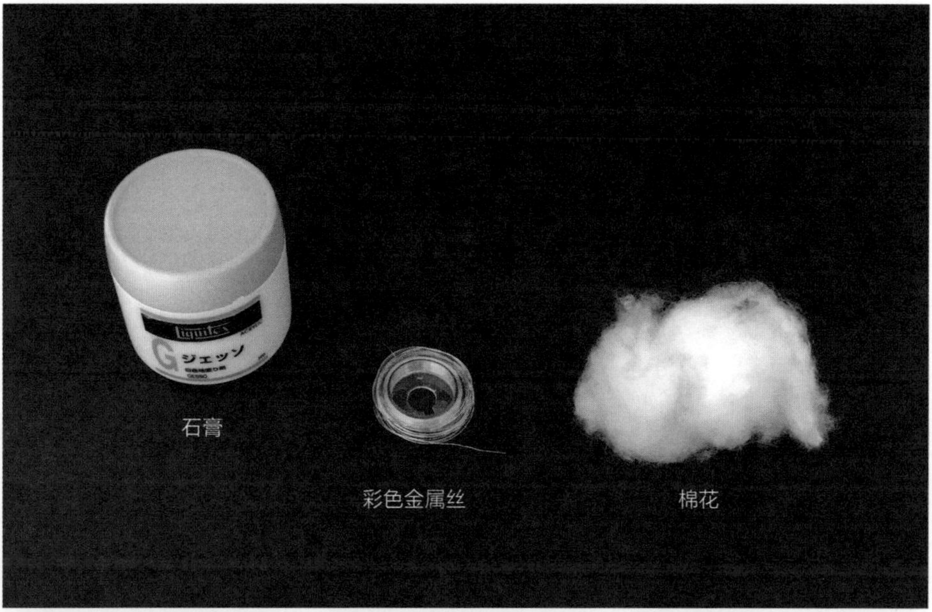

❹为了将枝干调节至适合的长度，可以将树枝前端部分稍微弯折回来一部分，或者用钳子等工具进行剪切。

❺树木的枝干完成后用石膏进行着色。着色时即使有地方没有涂抹到也完全没有问题，反而能够表现出枝干原本的底色。

❻把棉花挂在树枝上。需要注意的是，棉花如果太多，则无法表现出阳光穿透的透明感，所以要控制棉花用量。最后，对树木整体形态进行整理后模型就完成了。

用彩喷上色表现季节感

27 钢丝球制作茂密树木

❶准备纤维肌理的钢丝球。

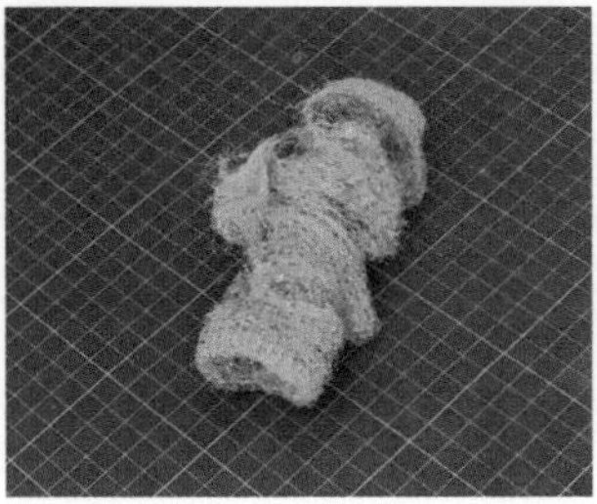

❷拆解钢丝球使其松散，使其更容易成型，有助于后续的模型制作。

❸将拆开的钢丝球整理成想要的树的形状。

用钢丝球来制作标志性的树木模型。这种材料容易调整形状，可以方便地表现各种各样的树种。

除了示范案例中的方法外，还可以用彩色喷漆等对钢丝球进行着色，或者用喷胶将细小的海绵粘在其周围，营造出花朵绽放的样子。另外，也可以用真正的树枝等材料做树干，通过不

模型制作概况

制作时间：大约10min/难易程度：★

钢丝球

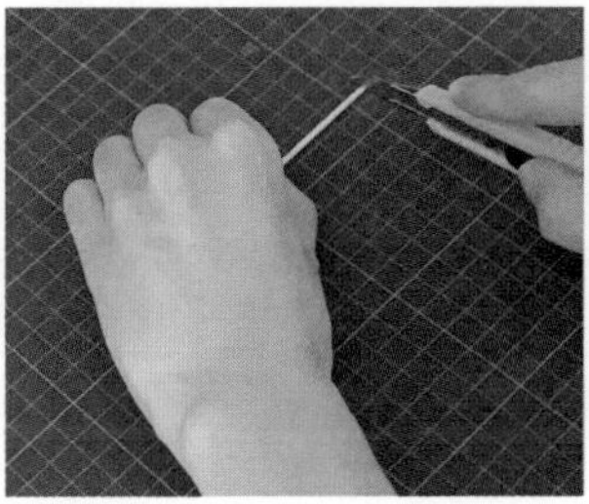

❹用牙签制作树干。牙签的凹凸部分需要切掉。

❺在牙签的前端沾上胶水等黏合剂，然后插进整理好的钢丝球上。

❻再次调整钢丝球的形状，然后插入底板中完成模型。

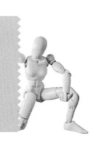

同材料的组合，实现从抽象到真实的多种模型效果，表现效果十分广泛。

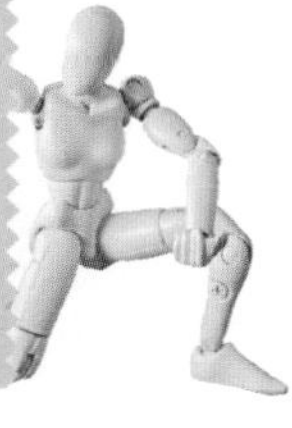

28 吸管制作抽象树木

❶ 将吸管裁剪成需要做成的模型树的高度，并准备三份同样的材料。

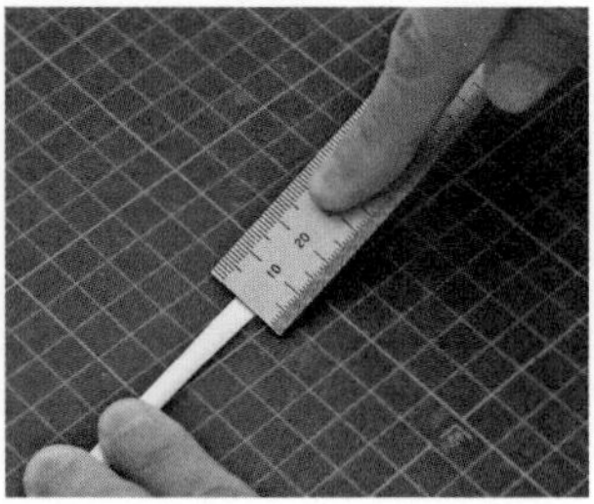

❷ 用不锈钢尺压平吸管的前端部分。

❸ 用美工刀将压平的部分切开，切三个切口将吸管分为四部分较为合适。

此方法适合表现枝叶轻盈的树木模型。根据吸管的种类和加工方法的不同，表达效果也会发生变化。

通过不同粗细、不同颜色的吸管组合，可以表现出各种各样的树种。在模型制作过程中，改变切割的深度并加以组合，就会得到自然的枝干效果；如果把前端一分为二，就可以创造出枝干分叉的效果。另外，可以利用牙签进行吸管的连接（不用胶水），拆卸起来比较方便。如

模型制作概况

制作时间：大约15min/难易程度：★★★

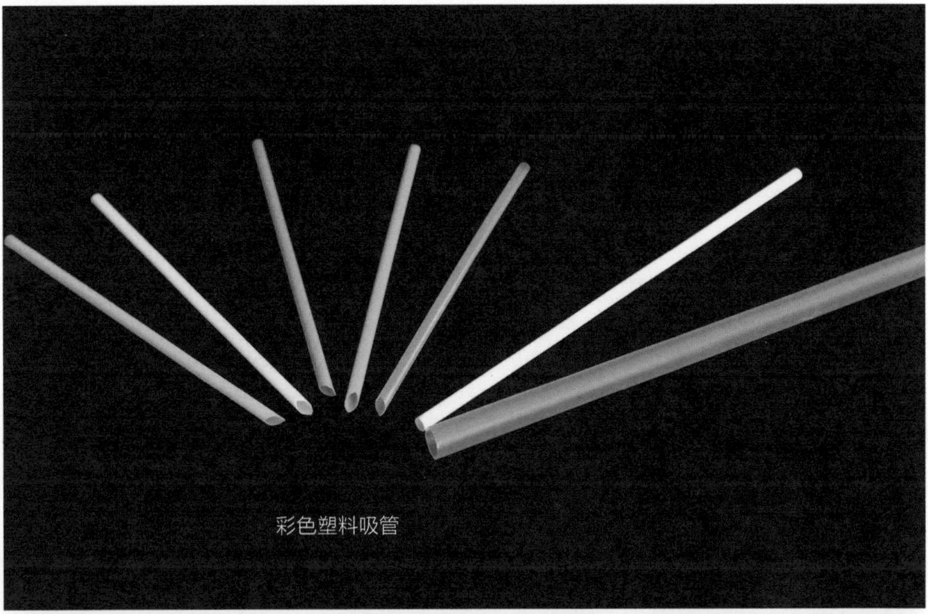

❹将切分后的吸管展开，模拟自然中的枝叶分布。

❺第2支、第3支吸管也同样制作，如上图组装在一起并用胶水粘好。如果吸管的插入存在困难，可以将吸管的根部用美工刀剪成斜口再依次组合。

❻最后可以用打火机对根部和端头进行轻微的灼烧，使其稍微熔化，这样处理可以使枝干看起来更为自然。

果牙签与吸管的直径不匹配，可以在牙签上缠胶带进行粗细的调整。把吸管的根部和端头稍微灼烧一下，树木的表现效果就会变得更自然。

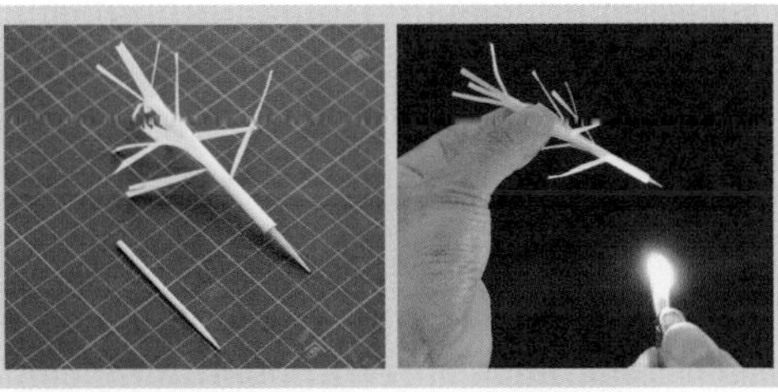

牙签插入吸管里/用打火机灼烧吸管的根部

29 封口扎丝制作随风摇曳的树木

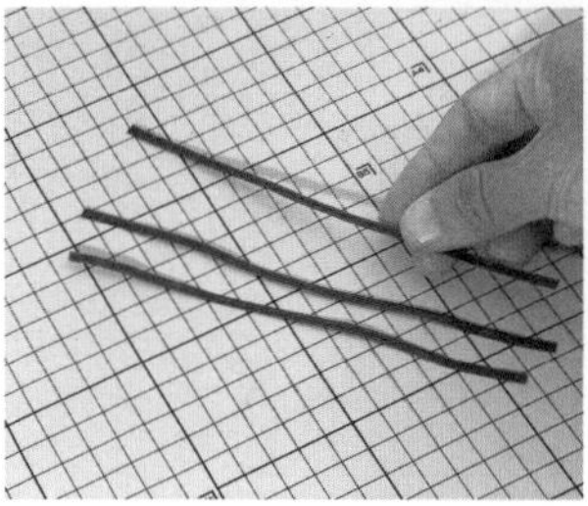

❶ 首先准备3根剪切成适合模型长度的封口扎丝。

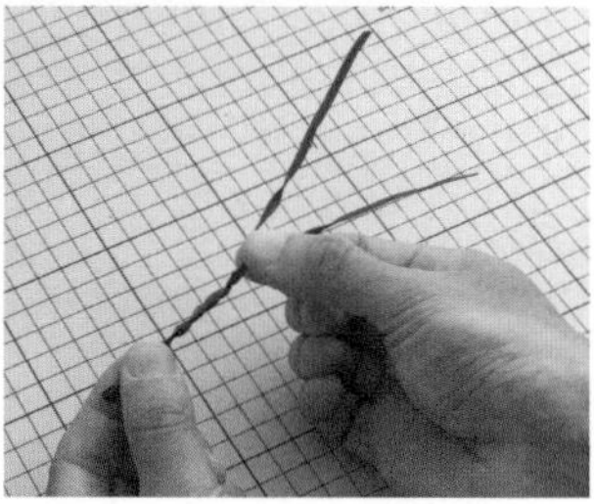

❷ 将其中2根拧在一起形成Y字形状。

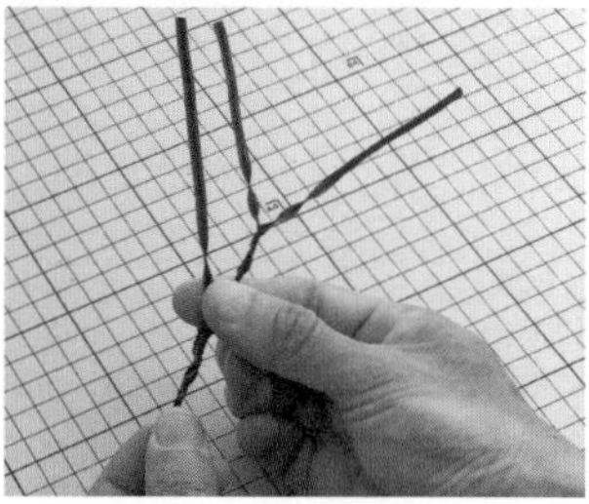

❸ 将剩下的一根也拧在一起，使3根封口扎丝在不同处分叉。

Point

通过扭转缠绕封口扎丝表现随风摇曳的树枝，使用这种方法可以很方便地增加枝条的数量以调整树木的形态。

通过改变封口扎丝的颜色、粗细以及缠绕的松紧程度，可以表现出各种各样的树种。用打火机炙烤树木根部的封口扎丝，可以强化树木模型根部的整体性；轻轻炙烤树枝的前端，可以弱化散开的端头，消除塑料材料的原有观感。在完成的模型上轻轻喷涂上色，进一步表现模型

模型制作概况

制作时间：大约15min/难易程度：★★

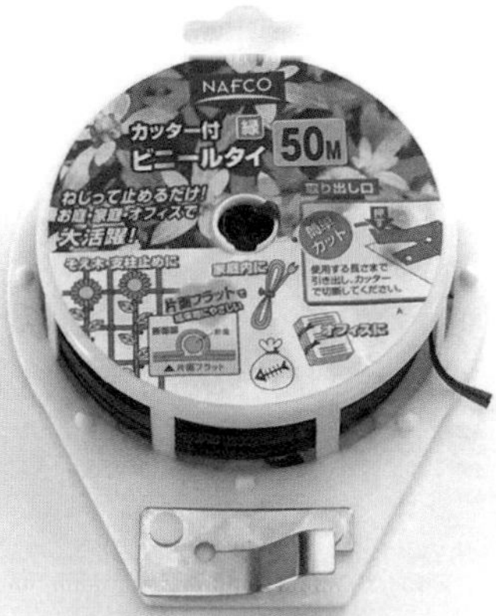

封口扎丝

❹可以增加封口扎丝的数量。取一些较短的封口扎丝拧到树枝的顶端，可以降低封口扎丝的材料生硬感。

❺根部也适当缠上封口扎丝，使根部加粗。

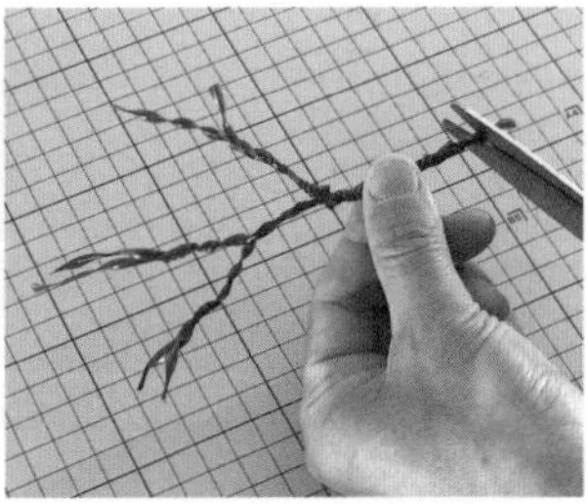

❻最后用剪刀对模型进行修剪调整，模型完成。

的质感和风格。还可以增强模型的质感，强化氛围。

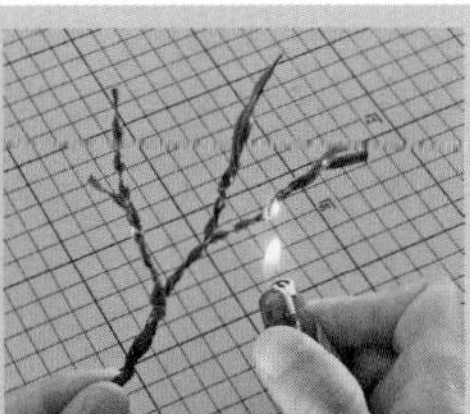

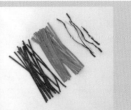

灼烧调整形状后的树木枝干/不同种类的封口扎丝

30 落叶制作富有生机的庭院树木

s=1 / 50

❶将落叶修剪成适合模型的长度。

❷在耐热容器中铺上干燥剂颗粒，将修剪好的枝叶放进去。

❸再用干燥剂颗粒把枝叶完全覆盖住。不覆盖干燥剂也可以，但下一步加热时叶子有可能会被烧焦。

Point

使用干燥剂颗粒能让树木掉落的枝叶长久保存。制作过程中，还可以把不同种类的树叶组合排列在一起，使模型更加生动。

除了落叶外，树枝也可以晒干，并在顶端点缀切成小颗粒的满天星，用来表现已经开始发芽的树木。另外，将干燥的落叶掰碎，然后用研磨钵磨成碎屑，可以作为木屑的代替品。研磨

制作时间：大约5min/难易程度：★

落叶　　　干燥剂

❹放在微波炉里加热1min。

❺加热完成后叶子的状态。

❻在想放置树木模型的地方用大头针扎一个洞，把落叶插进洞里立在底板上，完成模型制作。

时可以根据模型比例来调整颗粒度的大小。

用研磨钵把落叶磨碎/表现落叶的模型效果

31 扫帚/刷子毛制作冬日树木

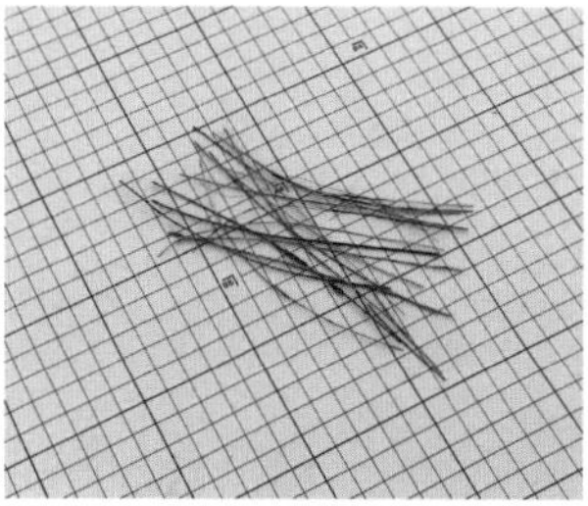

❶准备刷子和扫帚的毛，剪取模型制作需要的数量和长度。

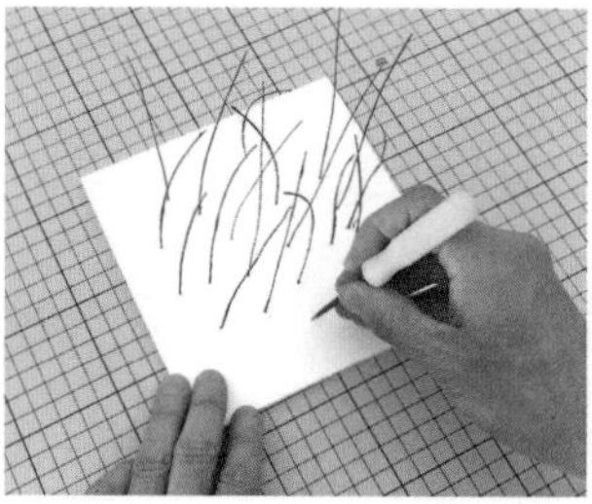

❷用美工刀或竹签在雪弗板等基础底板上扎孔，再插上扫帚毛当作树枝。

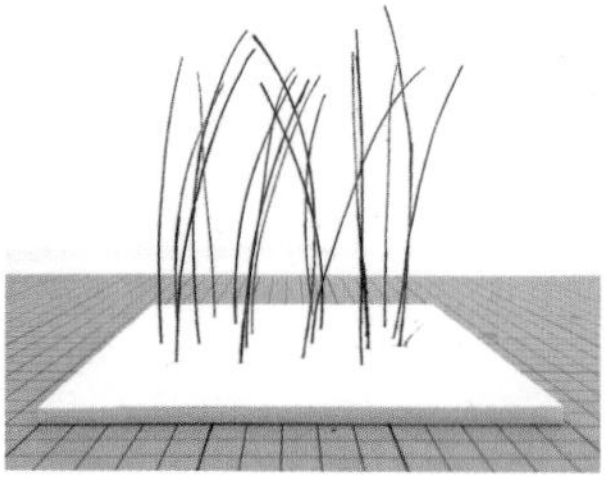

❸这种方法适合表现竹林之类的场景，实现树干的抽象模型表达，也可以用来代表树林。

这种方法适合表现只有树干的抽象树木，还适合表现叶子落光的树林和竹林等。

平头刷子和扫帚有很多种类型，除了竹子、芦苇、高粱等自然材料之外，还有使用聚丙烯等化学材料纤维的，可以表现不同的形态。化学纤维与自然材料不同，会更加规则挺直，因此更加适合表现垂直和抽象的植栽。

模型制作概况

制作时间：大约20min/难易程度：★

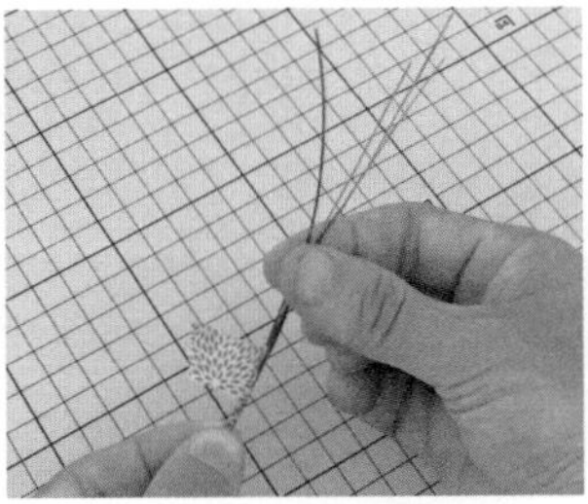

❹将几根扫帚毛用胶带捆扎起来能表现出分杈树枝的效果。

❺可以用手调整，用剪刀修剪定型。

❻用同样的方法也能表现中等高度的乔木和灌木。

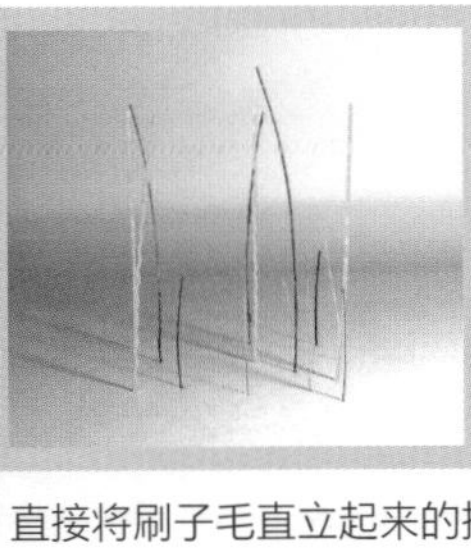

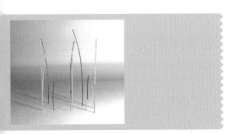

直接将刷子毛直立起来的抽象表现效果

32 图钉制作抽象行道树

s=1 / 500

❶ 将地图标记图钉插在场地模型上。

❷ 白色的地图标记图钉适合白模等抽象的模型表现。

❸ 木制地图标记图钉具有特殊的材质感，让人联想到树木的同时也适合抽象模型的表现。

Point

此种方法适合在规模很大的场地模型中表现整齐排列的行道树。

因为这种方法只需要直接插上地图标记图钉，所以也适合用于研究模型。地图标记图钉富有光泽，会给人一种未完成的感觉，可以用砂纸进行打磨，再用彩色喷漆等在粗糙表面着色，可以表现出树木的茂密感。除了绿色以外，还可以尝试其他颜色来表现不同的季节感。

模型制作概况

制作时间：大约5min/难易程度：★

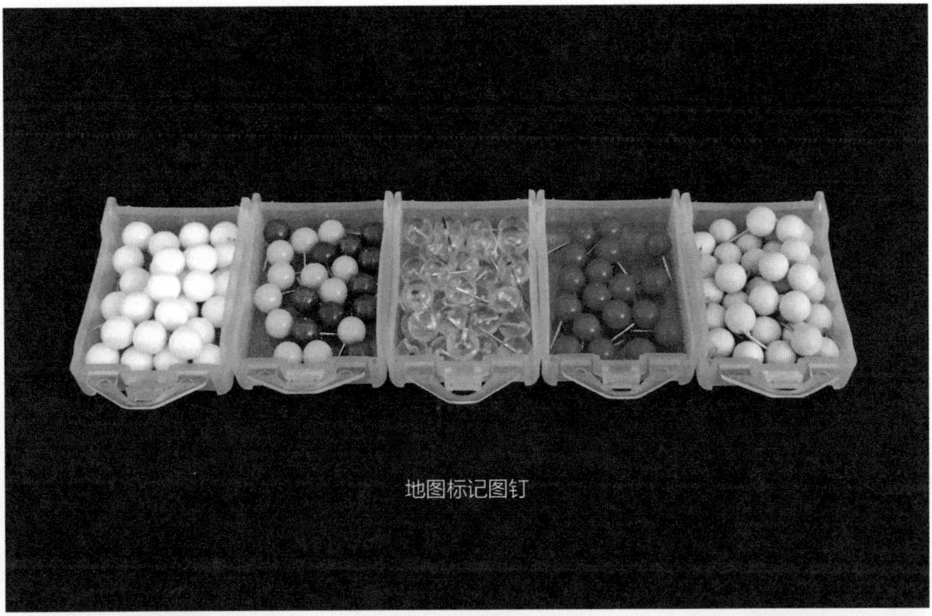

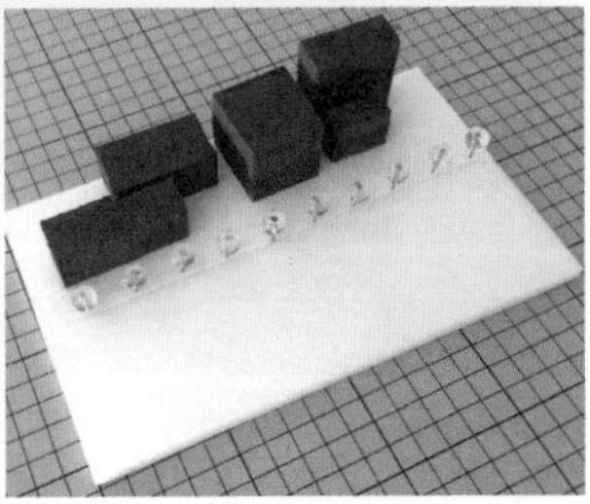

❹绿色的地图标记图钉可以作为常青树的抽象性表现。

❺通过将黄色和红色的地图标记图钉混合在一起，可以表现秋季树木，突出季节感。

❻透明的地图标记图钉和白色的一样适合抽象的表现，因为能看到别针的金属部分，机械感会更强。

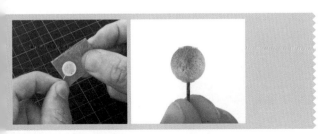

用砂纸进行打磨，营造磨砂质感/用喷漆简略喷涂的效果

33 牙缝刷制作针叶树林

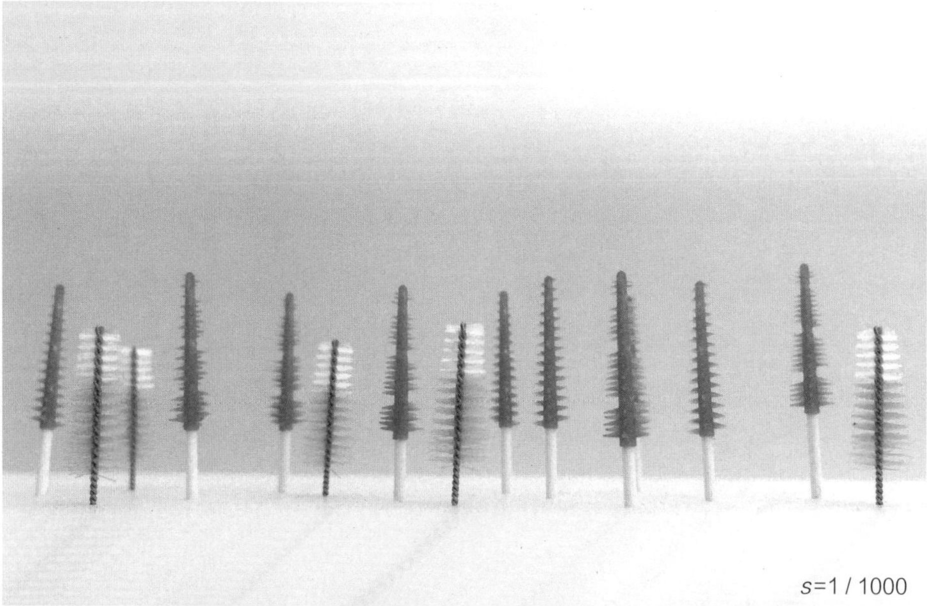

s=1 / 1000

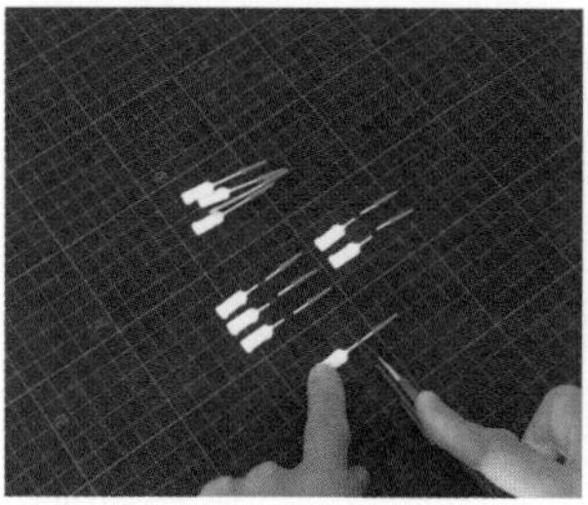

❶将牙缝刷的刷柄和刷头分开。

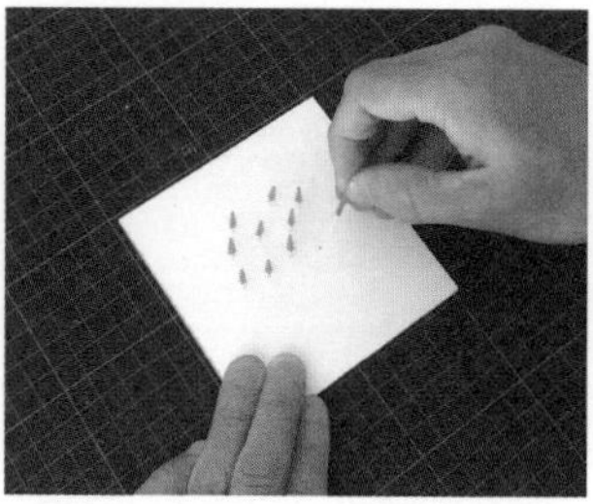

❷在作为底板的雪弗板上用针扎洞孔，将刷头插进洞孔。

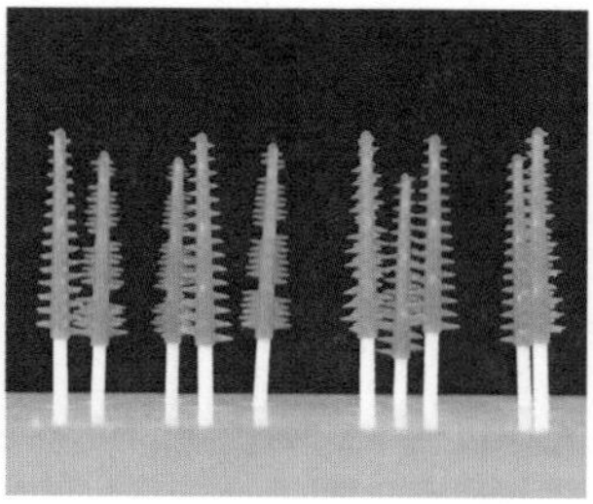

❸这种制作方法适合表现杉树、桧木等针叶树。考虑树木间距，间距不等地错落排列。

Point

此种模型制作方式适用于需要表现场地周边的森林等大范围的环境。

牙缝刷有各种颜色和种类。照片上显示的是只有前端部分是白色的刷子，看上去像是树顶积了一层薄薄的雪。

根据模型比例尺度的不同，可以将刷子作为种在盆栽里的观叶植物，也可以活用于室内装饰。

模型制作概况

制作时间：大约10min/难易程度：★

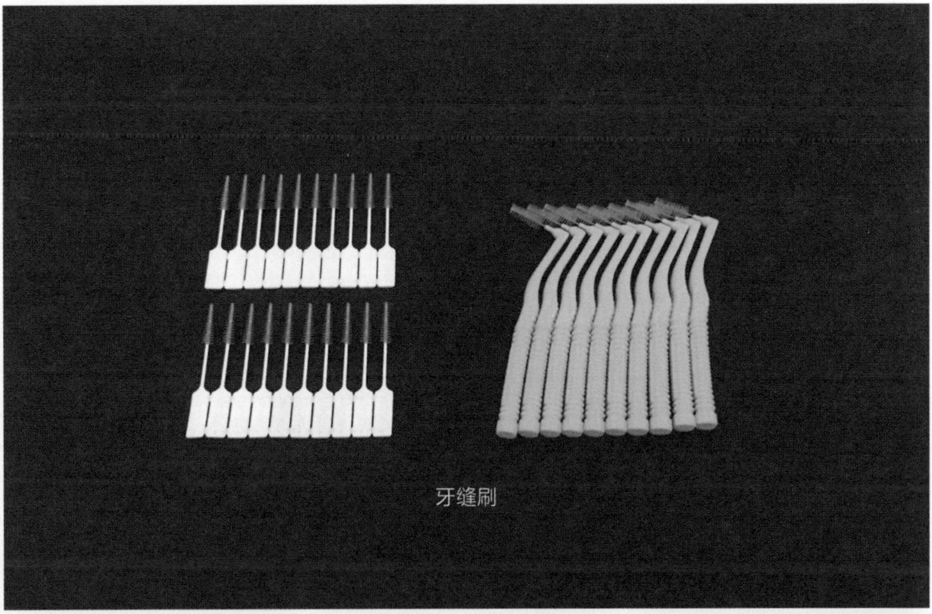

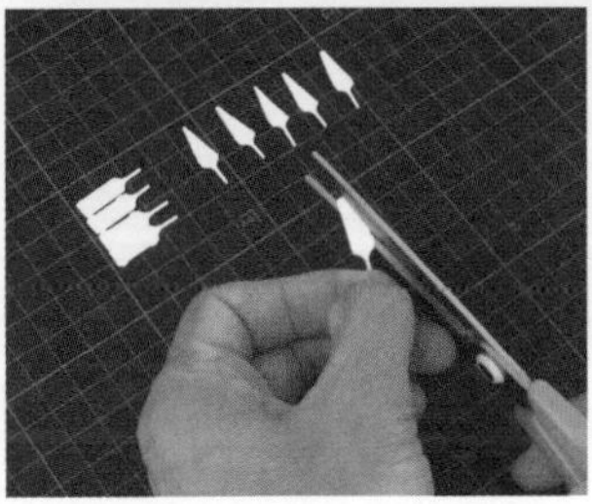

❹牙刷柄的部分也可以利用。在这个范例中，扁平的部分被剪成针叶树的形状。

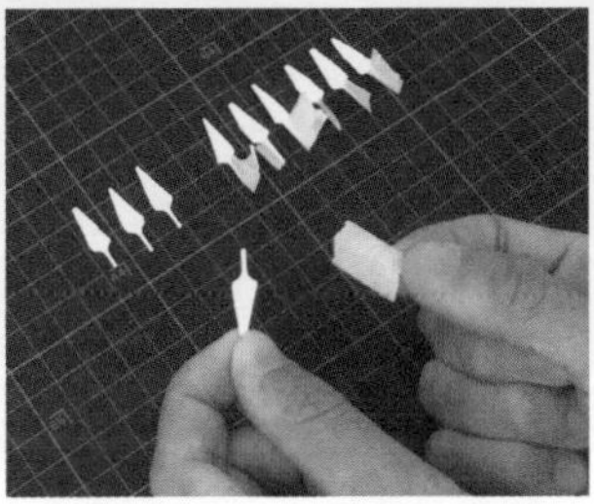

❺将针叶树上部分用彩喷涂成绿色。

❻与刷头的表达形式不同，由刷柄制作的针叶树是一种符号性的表现。

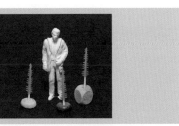

利用尖端是白色的刷子来表现积雪/将刷子制作成观叶植物盆栽

34 串珠和满天星制成的赏叶植物

s=1 / 50

❶将满天星模型材料切成小块。

❷用水稀释木工胶，将切成小朵的满天星前端沾上胶水溶液。

❸沾有胶水的满天星蘸取绿色的草粉。

Point

大一点的木制串珠正好适合表现花瓶和花盆。

木质串珠的质感很好，而塑料制的串珠则有各种颜色，更加丰富。另外，制作范例中用了绿色的树粉，如果使用的红色或黄色树粉，则可以体现繁花盛开的感觉。

模型制作概况

制作时间：大约15min/难易程度：★

❹用弹力胶带将几朵蘸取粉末的满天星捆扎在一起。

❺用砂纸打磨串珠的底部，使其平整。

❻第4步制作出的满天星根部蘸取胶水，插入到串珠的孔里。

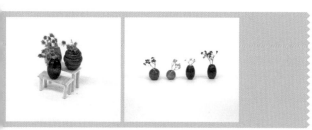

不同形状串珠的效果/不同颜色树粉的效果

专栏

如何为建筑模型配置植物

佐藤庸一 + 造物设计事务所

笔者平时从事森林整治和木材利用促进的相关工作，也参与过自然公园的整治、露营地和自然步道的整备维护等相关工作。工作的地方多在山里，因此具有看到各种各样树木的机会。笔者以这些经验为基础，重新审视街道中的行道树、建筑物的配景树、公园中的观赏树等植物情况，进而整理总结了各种植物模型制作的知识和相关技巧。

1. 树木的本质特征到底是什么？

当我看到建筑模型中的植物时，有时感觉它们就像一道菜肴的人工装饰品。如果不知道树种，不了解模型表现的意图，就会使观者感觉植物与建筑物、周围环境不匹配。因此掌握树木的实际特征，并根据建筑物的用途和目的来改变树木的高度和细节，才能让模型方案看起来更加富有魅力。

2. 树木的选择方法

模型中配置栽植的目的，需要考虑包括建筑设计在内的景观提升、环境保护等多个方面。需要根据这些方向来选择树种，仔细探究相关的植物配置细节。例如，在建筑物的局部使用植物来作为动线控制的一种手段，或者将植物作为立面设计的一部分，使建筑物整体更具魅力。这些设计是为了提升整个城市的绿化景观。另外，如果是以环境保护为目标，植物可以在城市中创造很多树荫，实现人类与自然的共生和防止温室效应。最近还出现了增加绿色植物以收获蜂蜜的情况。而且，在实际情况中，也需要考虑栽植对交通、预防犯罪、街道形象、生态系统（如尽量土培种植本地物种）等方面的影响。

虽说如此，但在实际的建筑模型制作时，最重要的还是树木的形状和高度。充分考虑建筑物的表达目的和周边的环境氛围，选择相匹配的植物形状和高度，会使得模型更加真实。要想成为植物模型的专家，首先必须了解实际树木的特点。接下来就重点说一下如何抓住不同树种的特点。

①形态

一般从侧面看，针叶树呈圆锥形（图1），阔叶树呈卵形、椭圆形（图2）、扫帚形（图3）等。从顶视图看，针叶树多为圆形，而阔叶树多为不规则的圆形。偶尔我们也可以从下面、旁边或者从高处俯瞰，通过仔细观察在脑海中构建出模型中的树的形状。但是，即使是同样的树种，城镇街道上的树与森林里的树的形状和外观也会有很大的差异。

例如，同样是榉树，如果是在街上，根据管理方法的不同，可以分为扫帚形和椭圆形，而在山上自然生长的榉树，由于环境差异和生存竞争，呈现出各种各样的形态。又比如针叶树的杉树，在公园、寺庙里呈现如圆筒状等各种各样的形态，但是作为木材用的人工培育的杉树则是圆锥形，形态差异不大。

因此在狭小的地方可以选择符合空间的圆锥形等形态的人工树形，在广阔区域则可以尽量表现树木的自然状态，在更为广阔的区域则可以选择自然的形状。总之，根据设定的场所特质来选择相应形态的树形会使模型更真实。

图1　圆锥形

图2　椭圆形

图3　扫帚形

②高度

正如圆锥体可以被识别为针叶树，而椭圆形和扇形可以被识别为阔叶树这种规律一样，树木的高度可以分为灌木（3m以下）、小乔木（3~10m）、中型乔木（10~20m）和大乔木（20~25m）（图4）。同样，参考树木形状的选择方式，狭窄的区域选择灌木、小乔木，宽敞的区域选择中型乔木，更广阔的区域则选择中型乔木、大乔木比较合适。

图4　灌木、小乔木、中型乔木、大乔木

③身边的树种

在住宅区，为了确保私有物业边界和明确各功能的边界，通常会使用花木和形状鲜明的具有一定标识性的植物，例如花木、针叶灌木、橄榄树、青桃等植物（图5）。

在街道和公园的场景中，考虑到管理的便利性和安全性等因素，大多会选择容易控制形态的树木，常见的有樱花类、山茱萸、吊兰、铺地柏、

图5　住宅周边的代表树种

图6　行道树及公园中的树木

图7　覆地植物

紫杉类、榉树、银杏、樟树等（表1和图6）。

行道树要考虑道路和电线等市政设施，为了不妨碍视线和市政布线而精心设计树形。除此之外，在车站前区域和建筑物正面种植的树木，为了确保树荫和植物的标识性形象，会选择大面积散开树枝的树木。另外，在公园和广场的场景中，考虑到防盗问题，为了消除死角，大多选择树冠下空间较高的树形。

表1　街道上的树木

容易管理，主要作为公园和行道树种植的树种	
灌木	山茶花、冬青等
小乔木	山茱萸类、冬青类、山枫类
中型乔木	玉兰类、樱花类、大山木等
至今为止种植较多的树种	
小乔木	龙柏树、苦枥木等
中型乔木	木兰、红枫、桃花等树种
大乔木	石竹、橡树类、丁香、榉树等树种

注：参考《行道树手册》（出版机构：福冈县/合作机构：福冈县造园协会）。

另外，也有覆盖地面的矮小贴地植物。比如苔藓、地衣类、龙须、常春藤等类型的植物。需要结合不同的场所、功能和用途选择相匹配的覆盖地面的植物。例如，在广场等开敞明亮的地方，可以选择草坪、三叶草等耐阳光和干燥的植物；在较为阴暗的地方，可以选择草兰、常春藤等耐阴凉的植物；在道路周边等地方，则适合选择鹤日草、芝樱等开花的植物（图7）。

盆栽植物、阳台种植和屋顶种植等植物的选择范围也很广泛，从某种意义上说，可以将这些植物归纳为室内装饰性质的植物盆栽。室内比较常见的有针叶灌木、橡胶树、发财树、光里白、鹅掌藤等；阳台和室内的可选植物类型类似；屋顶种植的类型则多是盆栽、花木、果实树等。无论哪一种，由于室内、阳台和屋顶空间面积及高度的限制，都应该尽量避免形体太大的植物类型。不同类型的植物各有各的特征，可以带着口袋大小的植物图鉴，一边观察树木的特征，一边对照植物名字和图鉴的内容进行查看，会增添很多趣味。

④植物配置

对植物进行配置时，需要考虑植物对动线的引导和植物作为路径标志点的作用，又或者是利用植物来提供可以作为休息场所的树荫，因此需要对植物进行立体化的配置。

例如，在靠近建筑物的位置，如果用树木遮挡视线，营造外部环境，可以更好地表现场景的氛围。因此有目的性地对平面和立面效果进行有效的组合及多角度尝试是很重要的。建议多观察实际的建筑物，尝试模仿真实场景中树木的平面、立面配置。

另外，植物配置时可以不局限于规定树种。街道、森林、树林等不同场景的树木，高度和形状会有很大的区别，所以在组合配置之前仔细观察树木是很重要的。例如，森林里自然地混杂着各种各样的树，树的形状和高度各不相同；但是树林则不同，因为是人工种植，所以树木的高度、形状和间隔都是一样的，阔叶树和针叶树都呈现这样的种植规律，基本不存在变化。

3. 不同的树木模型表现方式

①符号性的模型表现方式

在建筑模型中经常使用风干的满天星材料。这种方式的缺点是很难表现出具体是什么树种，但作为树木的符号性抽象表达却非常方便。因为复杂的树木“形状”可能会传达多余和错误的信息，所以对于单纯想表现树木的配置和高度的场景，使用满天星材料来制作树木会比较合适。

②强调树木种类的模型表现方式

在“29封口扎丝制作随风摇曳的树木”（70页）中，阐释的是利用典型树形表现树种的简单方法。如果想要表现更多样的树种，就要结合树干和树枝的形态，充分表现不同树种的树干的粗细和表面质感等形状特征。

无论是以上哪种表现形式，都可以在完成后的树上喷上白色喷漆，提高模型的抽象度，拓宽树木模型的表现范围。

③使用实际植物材料的模型表现方式

“25枯树枝制作果树”（62页）、“31扫帚/刷子毛制作冬日树木”（74页）是使用真正的植物材料来进行模型表现，这种表达方法会更加生动有趣。

家居卖场的园艺区、花店等利用植物制作的商品都可以当作植物模型的原材料进行利用。除此以外，还有一种方法就是采集公园里掉落的枝叶和杂草（图8）。获得原材料后，可以拿在手里仔细地观察，看看它适合制作哪种树木模型。

图8　在公园中可以轻易获取的枝叶类型

以福冈为例，在办公场所附近的公园里，一般会种植雪松、池杉、樟树、紫杉、百日红、刺桐、樱花、梅花、杜鹃花等树种。我们可以观察它们各自的树木枝叶特征，然后思考针叶树和阔叶树的模型表达方式。

例如，我认为池杉的枝条的树梢头可以表现针叶树，枝条可以表现阔叶树。另外，叶脉标本（图9）和覆盖型的植物也可以利用。在单一植物无法达到表现效果的时候，也可以用多种树枝进行组合，从而制作出所需树种的模型形态。

图9　叶脉标本

另外，根据模型的不同比例，有时同样的植物材料也可以表现不同种类的树木模型。

例如，可以把“33牙缝刷制成针叶树林”（78页）的树木模型当作室内的植物，只是需要将其调整到身高左右的高度，就可以当作针叶灌木；如果把前端弯曲，就可以作为竹子的模型。旧牙刷等也可能成为模型材料（图10）。这种较为具象的模型表现方式下，仔细观察植物的实物很重要。

图10　牙缝刷制作的室内绿植效果

另外，如“30落叶制作富有生机的庭院树木”（72页）中所写，采集的自然材料进行充分的干燥是很重要的，否则好不容易做出来的模型会生虫子。

还有一种并非利用实际的植物，而是利用图像作为模型背景的方法。将描图纸等纸张设置成屏幕，用投影仪等从背面投影出森林、树林等场景的图像。屏幕投影的关键是，如果投影出符合模型比例的图像，就能表现出更接近实际的场景（198页，使用多样的材料进行模型表现）。

④颜色

在表现树种的时候，一般来说用绿色着色比较好，但实际上树叶的颜色并非只有绿色，即使只有一个绿色也存在多种色调。植物的色彩也会随着季节的变化而变化，如果形状、高度和颜色的关系不匹配，就会产生不协调的感觉。另外，如果全部用绿色进行着色，模型整体场景和树木的关系也会变得寡淡，会给观者一种只是在那里配置了树木而已的感觉。

4.木材

木材原料和作为家具及建筑材料的地板材料等都拥有可以表现模型真实性的“木纹”。木材上的木纹可以分横向木纹和纹向木纹两类。

所谓横向木纹，是指垂直树木生长方向切割圆木断面上出现的花纹，也即树木年轮的纹理，可以分为山形和波浪形两类，并且板材的正面和背面的纹理会有所不同。

所谓径向木纹，是指顺着树木生长方向切割圆木断面上出现的线性纹路。

木材的纹理特征是一个重要的设计因素。不同切割方式的同种木材，由于横向木纹和纵向木纹的不同，也会应用于不同的场景（图11）。在模型制作中，也需要根据具体情况选择纹理方向合适的木板材，以达到更真实的装饰效果（图12）。

图11　上面带有结节的横向木纹的木地板

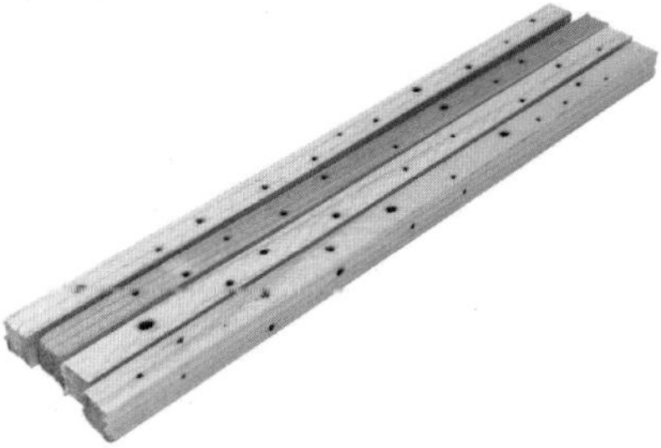

图12　用烙铁灼烧表现结节的效果

35 防水纸制作褪色的石棉瓦屋顶

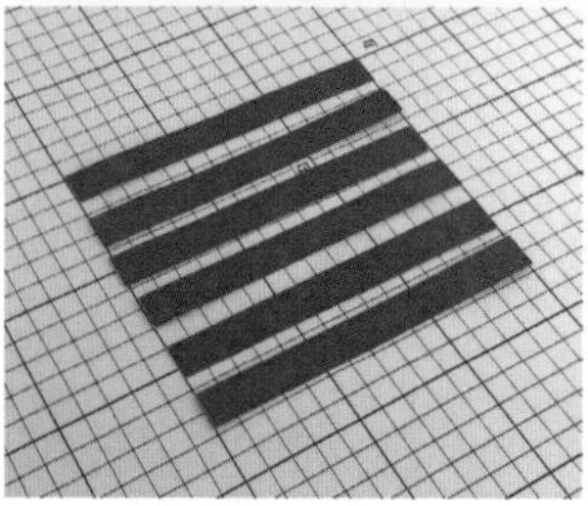

❶ 在防水纸的背面贴上厚卡纸，裁切成条状。根据模型大小确定具体的尺寸。

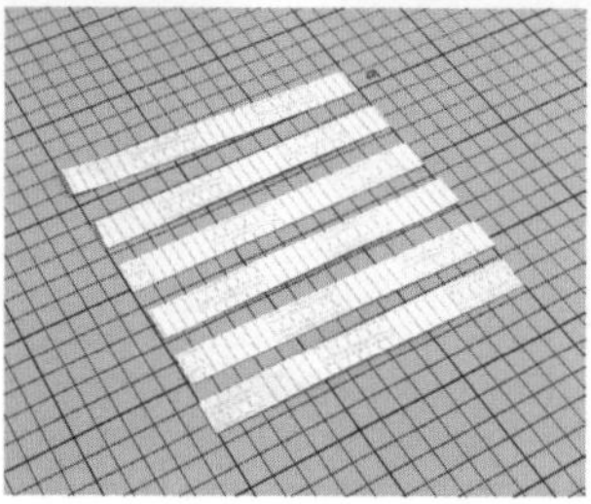

❷ 在厚卡纸上贴上双面胶。想象一下模型完成时的效果，可以根据需要对截断面进行预先着色。

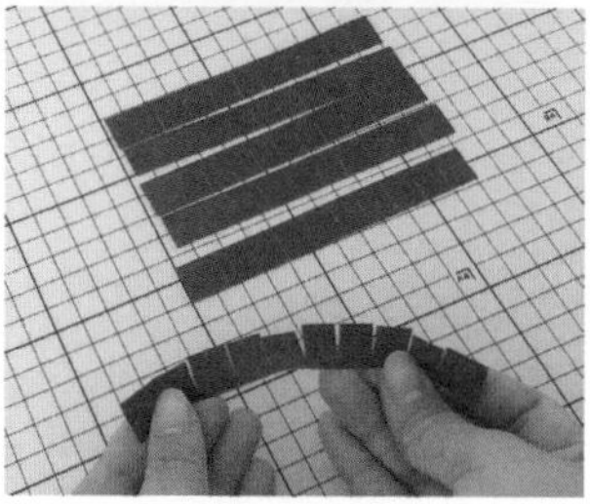

❸ 根据模型所需石材的宽度进行切割。注意切割时需要留几毫米，不要完全断开。

Point

灵活运用防水纸的颜色和质感，实现住宅的石棉瓦屋顶的表现。

通过卡纸的错位交织，也可以表现出瓦片的厚重感。

用木材摩擦耐水纸表面，表现出石棉瓦质感后，还可以用牙刷蘸上溶于水的褐色或黑色颜料，轻轻弹在表面，这样能表现出污渍，使模型更逼真。

模型制作概况

制作时间：大约30min/难易程度：★★

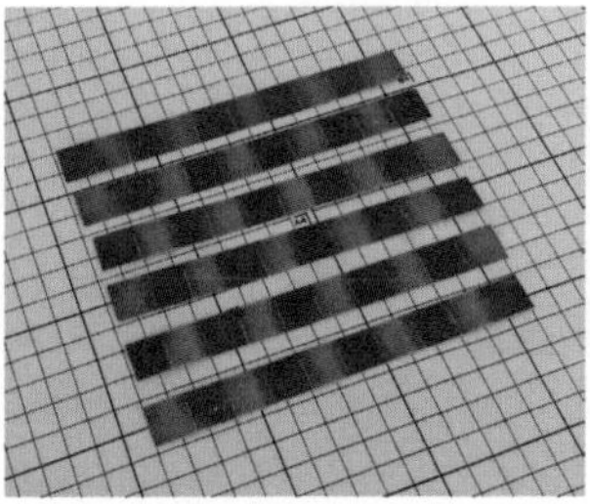

❹防水纸的局部可以用小木块进行摩擦，使纸面产生细微的颜色和质感的变化。

❺利用双面胶将厚卡纸贴在模型的屋顶上。可以将某几条材料稍微悬空或错开，这样就会产生一定的立体感。

❻在屋脊的部分盖上切成细长条的防水纸，遮住连接处，石棉瓦屋顶模型就完成了。

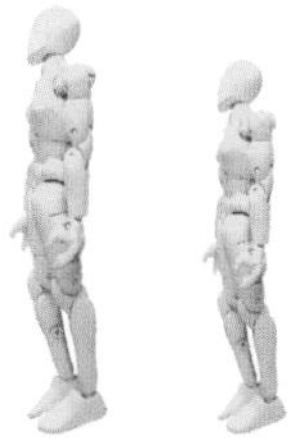

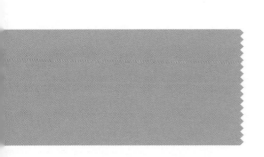

36 折叠卡纸制作金属砌筑屋顶

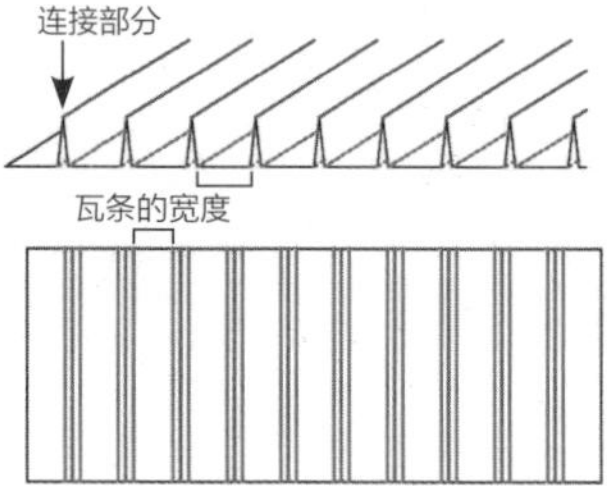

❶ 彩色卡纸裁剪成需要的尺寸，要比模型屋顶稍大一些。

❷ 如上图，红色线为谷线（折纸术语，指凹下的折痕线），蓝色线为山线（折线术语，指凸起的折痕线）。

❸ 可以在画纸的背面用铅笔画线。注意不要在纸正面划线。

这种屋顶制作方法可以实现瓦片和竖脊等突出的立体感。

除了屋顶以外，这种纸板拼接的形式还可以制作木造住宅的外墙，以及有竖向构件的墙面装饰。

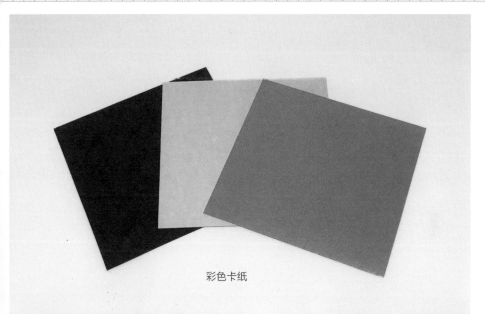

模型制作概况

制作时间：大约30min/难易程度：★★★

彩色卡纸

❹用美工刀在上一步画的线条上轻轻划下，方便后续折叠。折叠的时候借助金属尺可以制作出精确的折痕。

❺在雪弗板上贴上双面胶，再贴上上一步制作出的折痕分明的卡纸。这一步使用喷雾胶水也可以。

❻这次制作的是人字形屋顶，固定在建筑模型上即可。

竖向折痕的不同做法会产生不同的模型印象

37 金属网状材质制作三维曲面屋顶

s=1 / 1000

❶ 裁切出比想要制作的模型大小稍大一点的金属网材料。

❷ 用胶带固定金属网固定在模具上。因为我们利用的是模具上表面，所以胶带要贴在模具的背面。

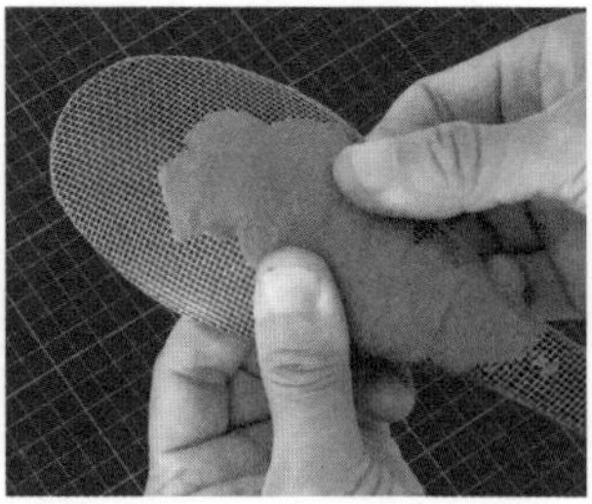

❸ 在金属网的表面覆盖一层木黏土（木塑土）。可以一边挤出黏土一边向金属网上涂抹，能更好地固定和附着。

Point

用金属网保持曲面形状的同时用木塑黏土实现表面平滑。

这是一种较为廉价的制造曲面形状的方法。如果只使用木塑黏土来塑型，模型干燥时会产生裂纹，加入金属网作为基底能最大限度地阻止模型变形从而减少裂缝。根据孔洞大小、粗糙程度和材质的不同，金属网有多种的类型。如果在木塑黏土制作完成的模型表面上用彩喷着

模型制作概况

制作时间：大约60min（需要一天时间进行风干）/难易程度：★★★

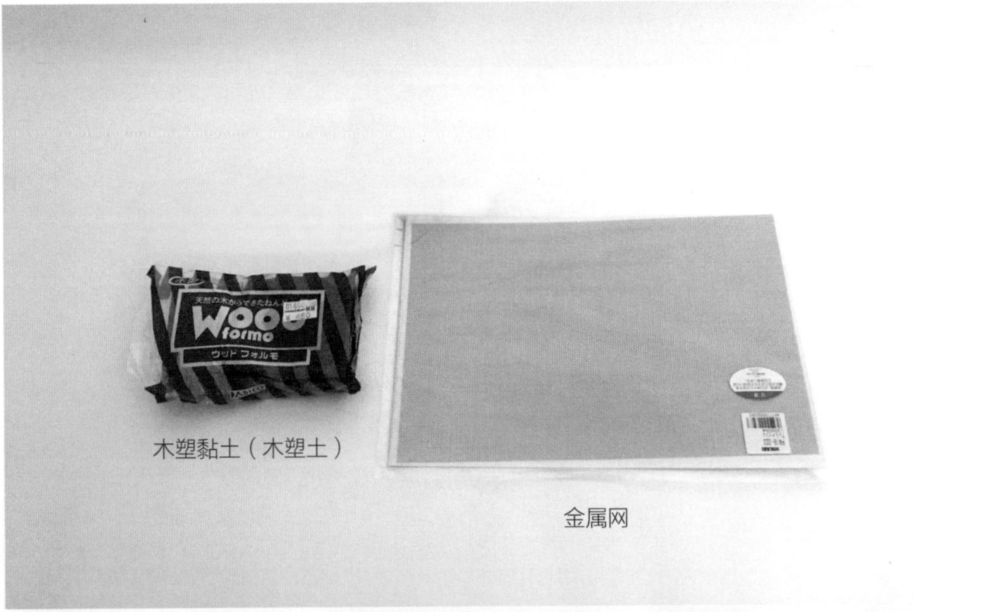

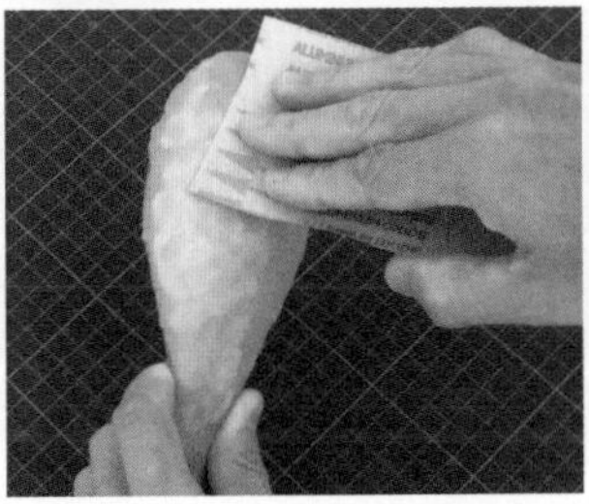

❹木塑黏土干了之后用砂纸进行打磨，然后从模具上将风干后的黏土取下。

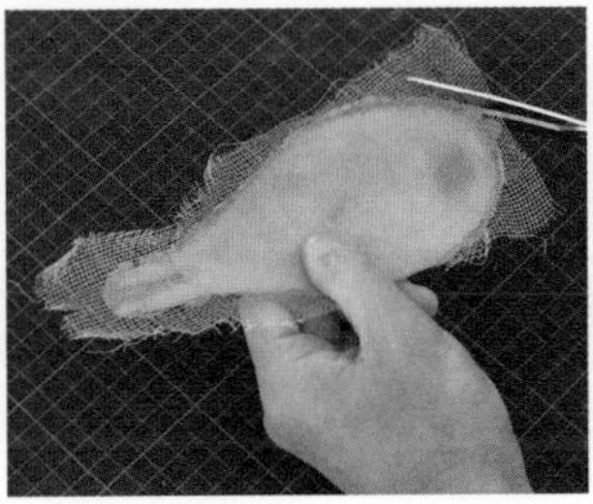

❺用剪刀剪除多余的金属网。可以在背面继续覆盖木塑黏土，使模型加厚。

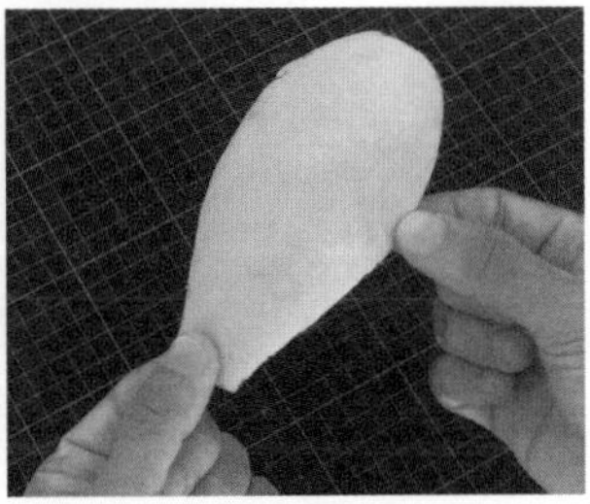

❻干燥后用砂纸将两面打磨光滑，模型就完成了。

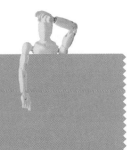

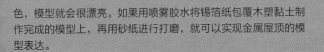

色，模型就会很漂亮。如果用喷雾胶水将锡箔纸包覆木塑黏土制作完成的模型上，再用砂纸进行打磨，就可以实现金属屋顶的模型表达。

38 单面瓦楞纸制作生锈的铁皮

s=1 / 20

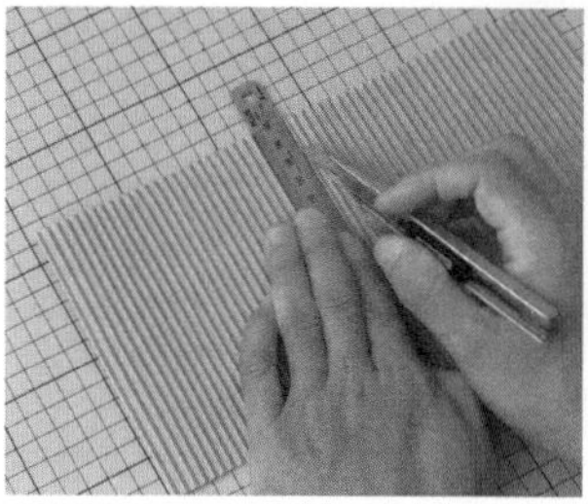
❶ 把单面瓦楞纸切成模型所需的大小。

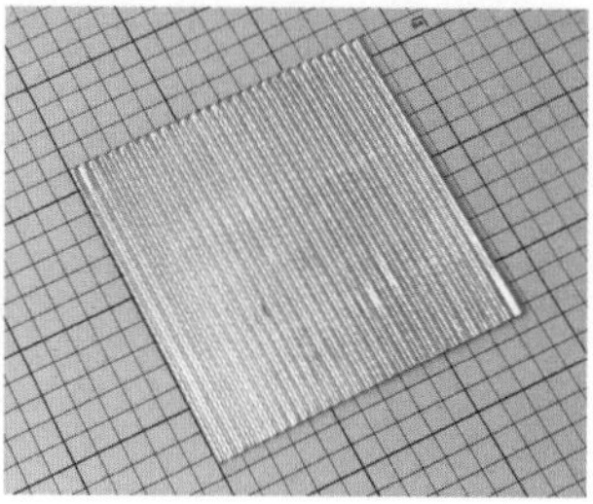
❷ 用彩喷对纸板进行喷涂，使纸板表面呈现金属色，即波纹铁皮板的颜色。注意喷涂时颜色不均匀反而会显得有质感。

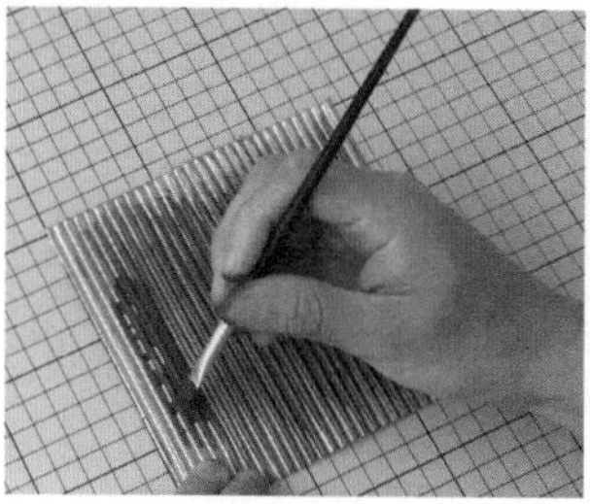
❸ 为实现金属生锈的效果，需要再次涂抹褐色系的颜料。需注意，颜色不要全部涂满，稍微保留金属色的底色感觉会更好。

Point

这是制作比较少见的波纹板铁皮的方法。为更好地表达特有的肌理感和材质感，需要运用一定的着色技巧。

单面瓦楞纸有不同的型号，其波纹的大小和间距不同，所以需要根据模型比例来进行相应的纸板选择。通过改变颜色，除了表现屋顶以外，这种制作方法还可以用于不锈钢板的表达。

模型制作概况

制作时间：大约30min/难易程度：★★

颜料

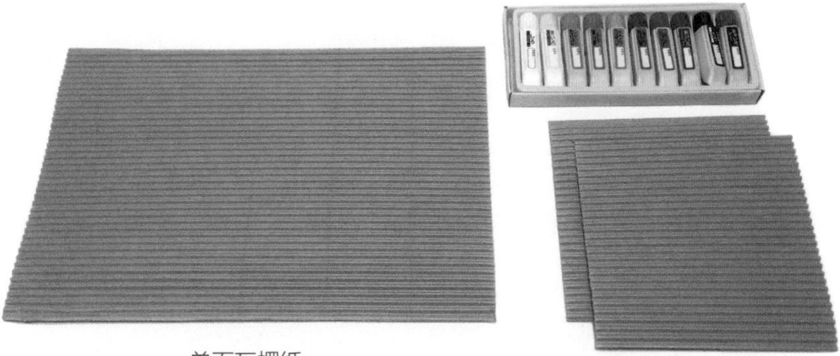

单面瓦楞纸

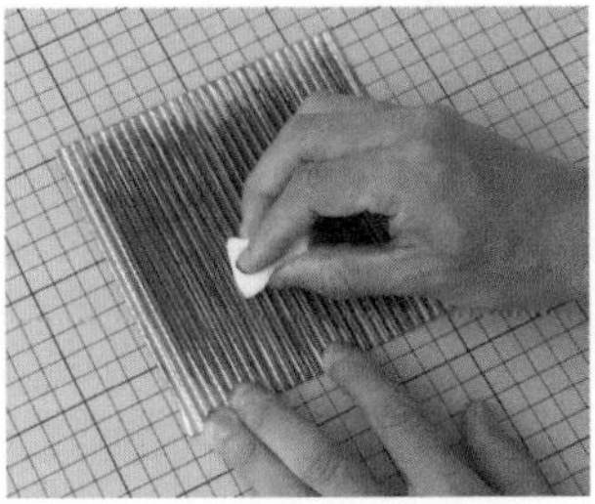

❹ 如果因为瓦楞纸的波浪形状，涂色时容易颜色缺漏，可以用海绵等工具将颜色涂匀补齐。

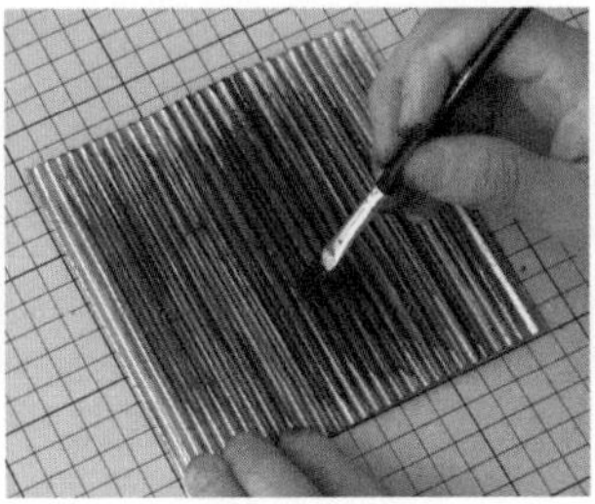

❺ 为了更好地表达生锈和污渍的效果，可以重复叠加别的颜色。

❻ 砂纸深入纸板凹凸肌理的凹陷部分，对表面进行适度打磨，可以消除颜料的涂痕。

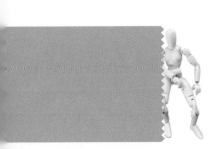

39 壁纸制作外部装置物

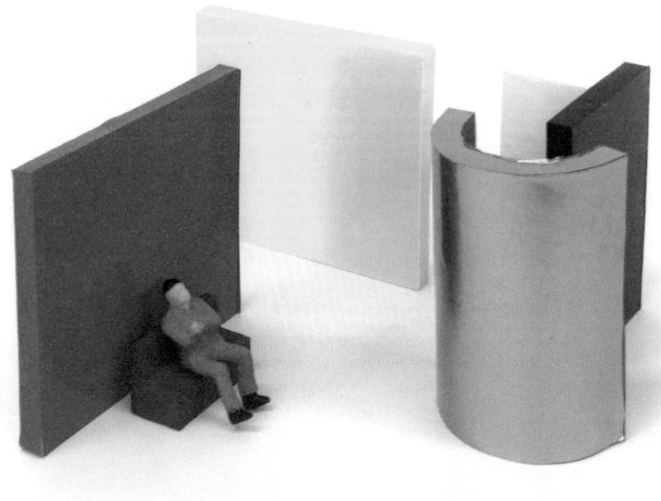

s=1 / 50

❶ 把雪弗板裁切成模型所需的大小。

❷ 将壁纸贴在第 1 步裁好的雪弗板上。

❸ 侧边裸露的部分也用壁纸贴好。

这种方法省去了给模型表面着色的时间，并且壁纸具有一定厚度，不易起皱。

家居卖场出售的壁纸有很多颜色，大小和尺寸也各不相同。银色壁纸适合铝和不锈钢的表现。壁纸背面封胶，所以可以不使用黏合剂和双面胶，只要剪开即可粘贴，非常方便。

模型制作概况

制作时间：大约15min/难易程度：★★

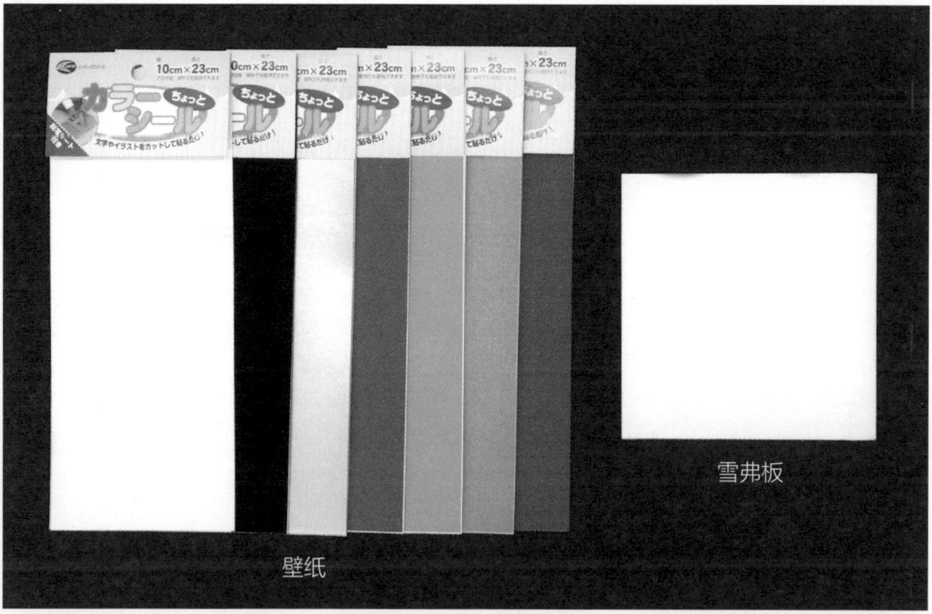

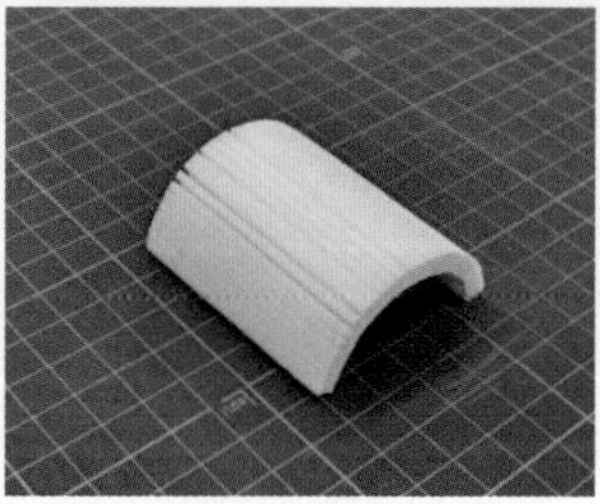

❹撕下雪弗板表面的纸，在雪弗板撕下表纸的一面切一些划痕，使板材容易弯曲，从而制作出曲面。

❺将壁纸贴在弯曲的雪弗板表面，侧边裸露的部分也应贴好。

❻这种壁纸也可用于家具模型的制作。此处的范例是在聚苯乙烯泡沫做的长椅上贴上有光泽的红色壁纸。

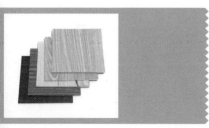

壁纸还有很多木纹的种类

40 彩色卡纸制作新筑混凝土

s=1 / 50

❶雪弗板切割成模型所需的大小。

❷彩色卡纸切成和第 1 步中雪弗板一样的大小。

❸用双面胶把裁切好的彩色卡纸贴在雪弗板上。

Point

在便宜又容易买到的彩色卡纸上再进行一点加工，就能做出混凝土的效果。

将彩色卡纸按照比例切成预制混凝土板（1820mm × 910mm）缩小后的尺寸并贴在雪弗板上，再用画笔等工具涂上仿混凝土的痕迹，就会更具备真实质感。

模型制作概况

制作时间：大约20min/难易程度：★★

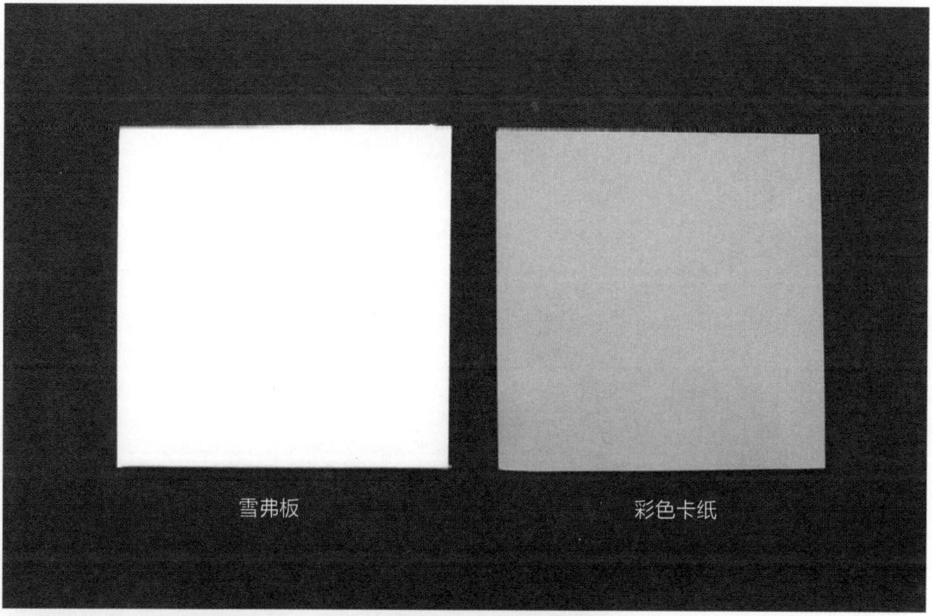

❹在雪弗板的侧面切口处也贴上彩色卡纸，这样模型成品会更漂亮。

❺将制作好的墙体组合在一起，完成混凝土模型的制作。

制作更为逼真的混凝土表面肌理

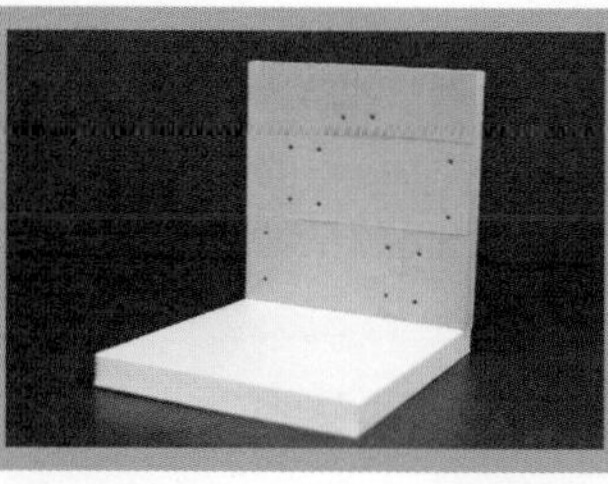

带有浇筑痕迹的混凝土模型效果

41 发泡聚苯乙烯泡沫制作粗糙混凝土

s=1 / 20

❶ 根据需要制作的模型尺寸裁切发泡聚苯乙烯泡沫。

❷ 在随意几处，用牙签挖出发泡聚苯乙烯泡沫上的泡沫颗粒，就能表现出粗糙混凝土的颗粒质感。

❸ 用灰色的石膏对发泡聚苯乙烯泡沫进行着色。此处需要注意，被挖的凹陷处也要有颜色附着。

Point

此种方法可以制作出与平滑的新型混凝土不同的效果，表现出粗糙的混凝土。

出于发泡聚苯乙烯泡沫颗粒大小的区别，外观也会有所不同，所以需要根据模型的比例，选择相匹配的种类。如果使用的是KT板，将其中一个面的表层纸揭掉，用电烙铁等工具使其表面稍稍熔化后，再用砂纸打磨，最后用灰色的石膏着色，也能制作出类似的模型效果。

模型制作概况

制作时间：大约120min（包含模型干燥的时间）/难易程度：★★★

❹把挖下来的泡沫颗粒撒在刚涂好的石膏上。

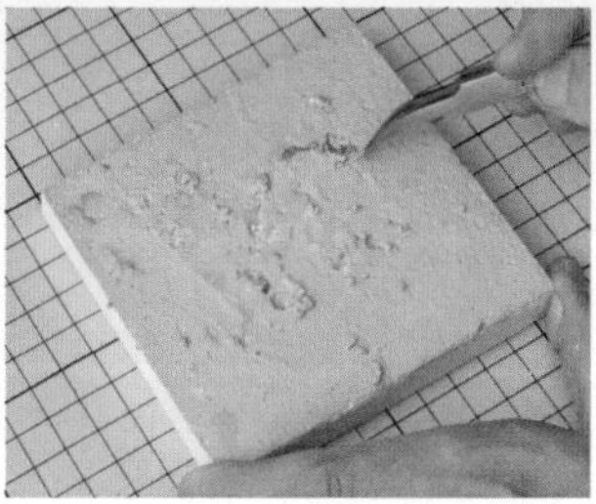

❺再次用石膏上一层颜色，将刚才撒上去的泡沫颗粒再次填充进泡沫板的洞中，这样可以更加强调出颗粒的肌理。

❻待石膏风干之后，用砂纸轻轻打磨表面，模型就完成了。

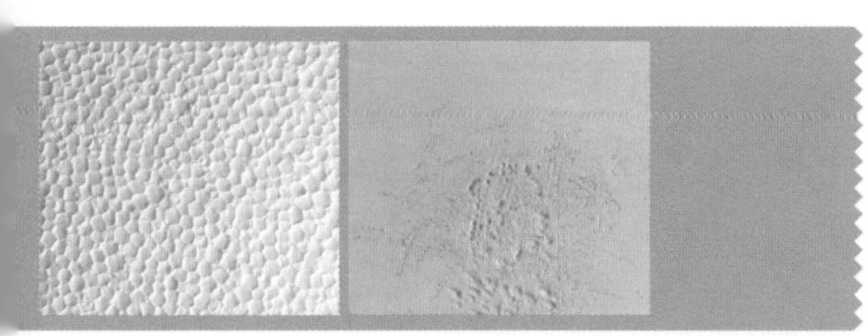

大颗粒的发泡聚苯乙烯泡沫肌理/KT板制作的粗糙混凝土模型效果

42 使用真实混凝土制作混凝土内装

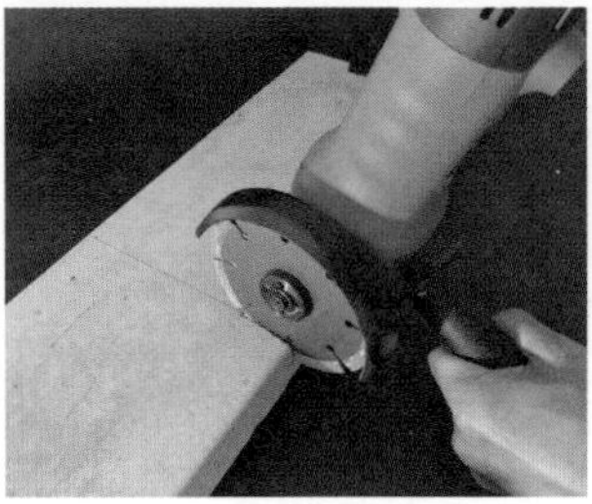

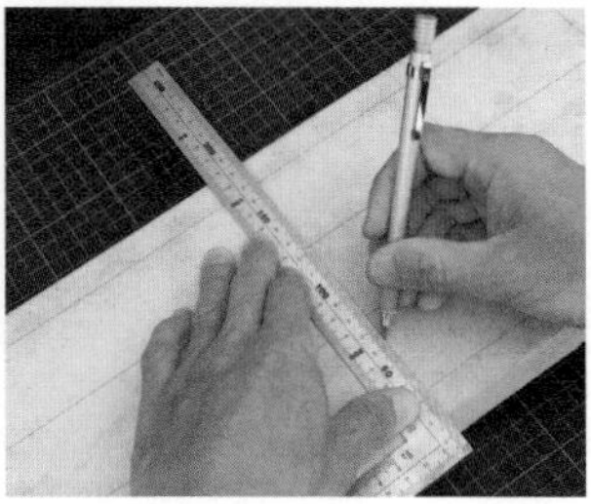

❶ 准备沟盖板等混凝土制品。因为这类产品的尺寸已经被规格化了，一般需要选择尺寸最小的规格。

❷ 用混凝土切割机切下需要的部分。

❸ 按照模型的比例，用铅笔描出混凝土板的接缝。

要准确传达模型完成后的效果，使用真实的混凝土材料是最好的。

如果没有混凝土切割机，可以针对沟盖板的接缝等容易切割的地方进行切割。另外，由于沟盖板背面加工粗糙，可以用来表现混凝土独特的粗糙质感。除了沟盖板以外，还可以选择柔性板进行类似混凝土材料的表现，虽然质感有所下降，但是这种材料比较薄，使用起来更加方便。

模型制作概况

制作时间：大约30min/难易程度：★★★

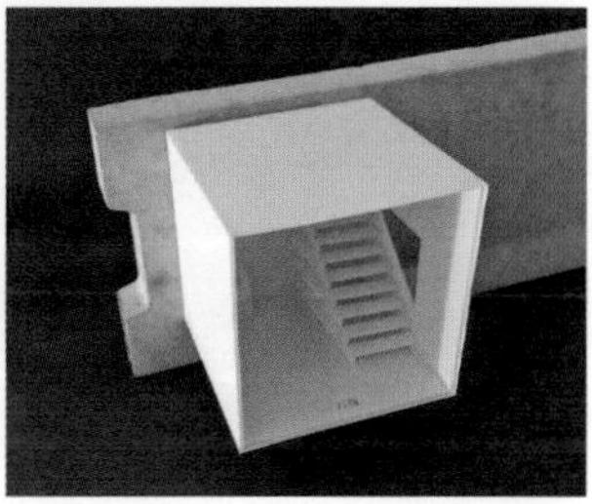

❹ 用KT板制作其他几面墙壁。可以像上图那样将沟盖板放平以便于操作。

❺ 将KT板做成的墙壁、地板和天花板，用双面胶粘在沟盖板上。

❻ 将模型立起来，混凝土内装的模型就完成了。如果只是进行模型摄影，就这样立着模型即可。

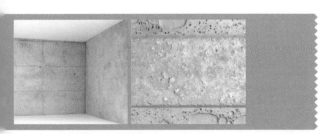

将沟盖板竖直的效果/沟渠盖板背面的质感

43 彩色发泡聚苯乙烯泡沫制作无釉光面砖块

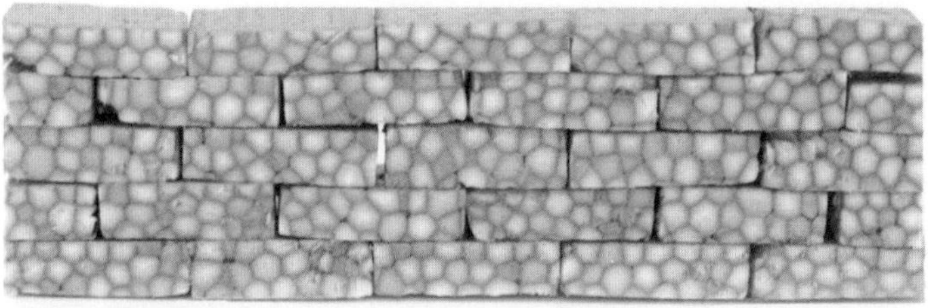

s=1 / 30

❶一般砖块的尺寸为210mm×100mm×60mm。按1/30的比例切割发泡聚苯乙烯泡沫。

❷准备两种大小，分别为对应比例砖块的1倍和2倍大小。

❸开始砖块的砌筑工作。此处范例使用的是错缝砌筑的手法，两边端头分别使用半块砖头来对齐。

发泡聚苯乙烯泡沫的剖面图案正好可以表现砖块斑驳的色调。此种方法活用了发泡聚苯乙烯泡沫的颗粒质感，此外，砌筑的方法也要适当。

加工材料时，也可以用热切割机将发泡聚苯乙烯泡沫大面积地切成薄片的状态，实现街道和公园的铺装中经常使用的“水磨石”的表现效果。

模型制作概况

制作时间：大约5min/难易程度：★★

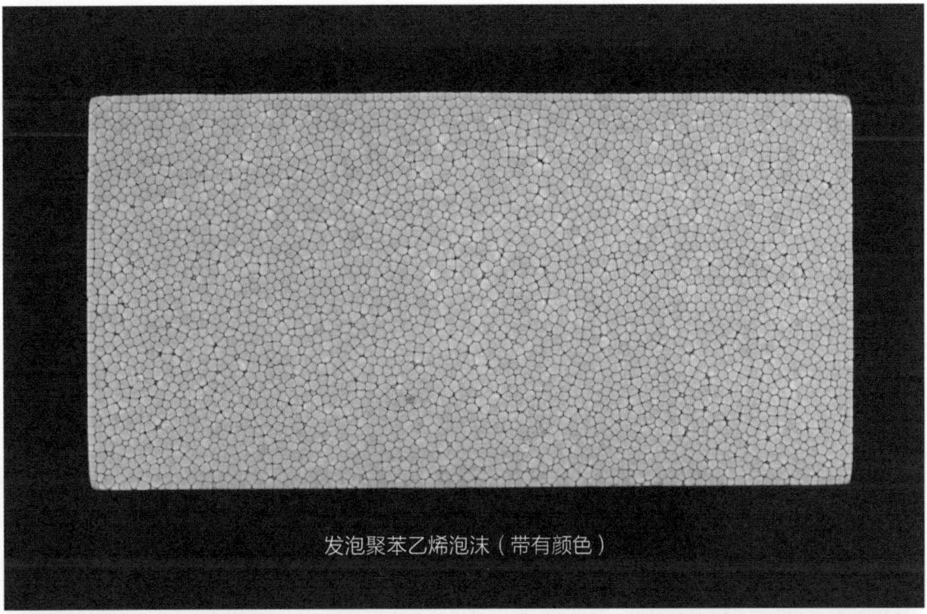

❹根据堆叠方法的不同，可以表现英式砌筑等其他多种砌砖方式。

❺砌筑成矮垛则可以表现出花坛的样子。

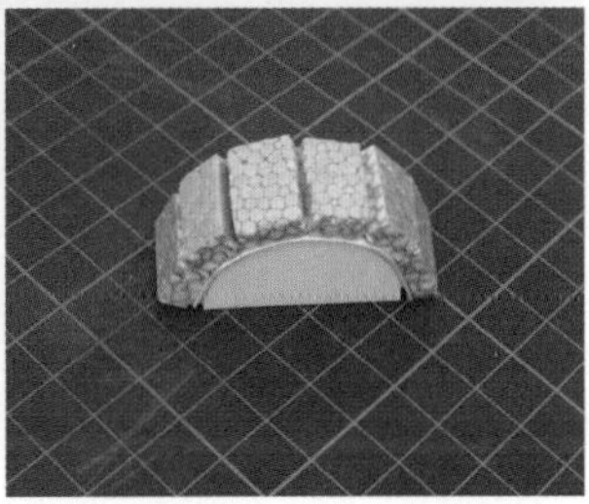

❻如果有模具就可以方便地砌筑出拱形。

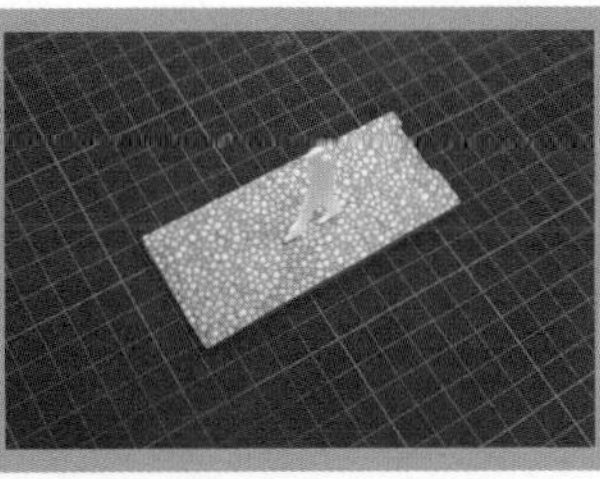

水磨石的模型效果

44 石膏粉+水泥表现人工抹灰的墙面

s=1 / 20

❶ 将砂纸相互摩擦，收集掉落的粉末。可以根据模型的比例大小选择不同目数的砂纸，得到不同粗细的粉末。

❷ 在石膏中混入用砂纸摩擦出的粉末，再加入少量颜料，调制出模型表现所需的颜色。

❸ 将第2步调制好的膏状物涂在作为底板的雪弗板上。这里不是表现用铲子抹平的光滑表面，而是粗糙的人工涂装的表面。

Point

适合1/50以上模型比例，能表现材质的真实感。

在石膏中加入各种颗粒度的粉末，可以表现出独特的人工抹灰质感。掺入水泥，模型成品会更加逼真，但如果不迅速涂抹均匀，材料马上就会硬化，堆积成块状。在模型制作过程中也可以很好地利用这种硬化性质，表现材料堆叠的效果。

制作时间：大约20min/难易程度：★★

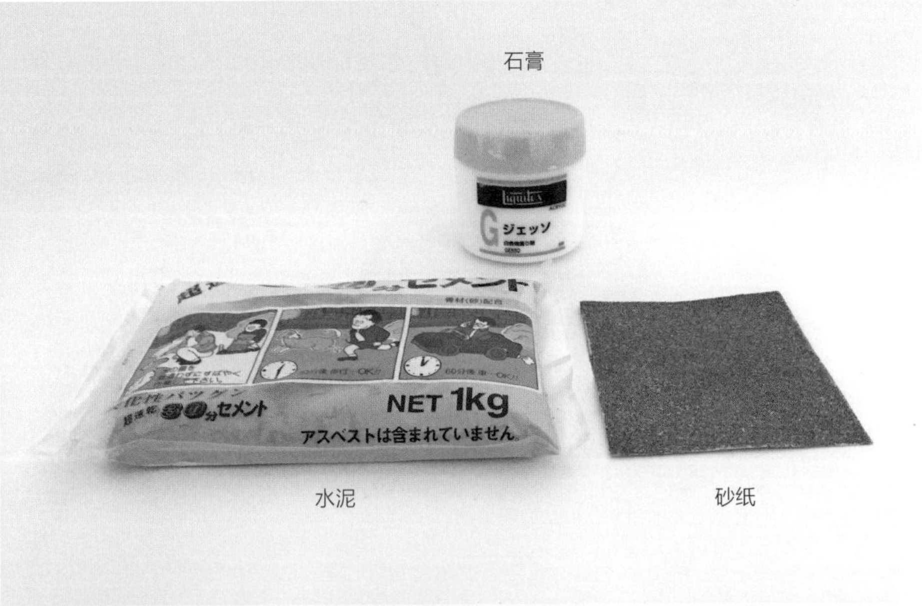

❹也可以使用水泥。往水泥里加水，混合均匀。

❺加入石膏来调整水泥浆的黏稠度，水泥浆与石膏混合后会更容易涂抹。

❻最后用刷子进行涂刷即可完成。采用水泥可以表现土墙和堆垛等凹凸不平的质感，以及泥瓦匠人工抹灰墙面形态。

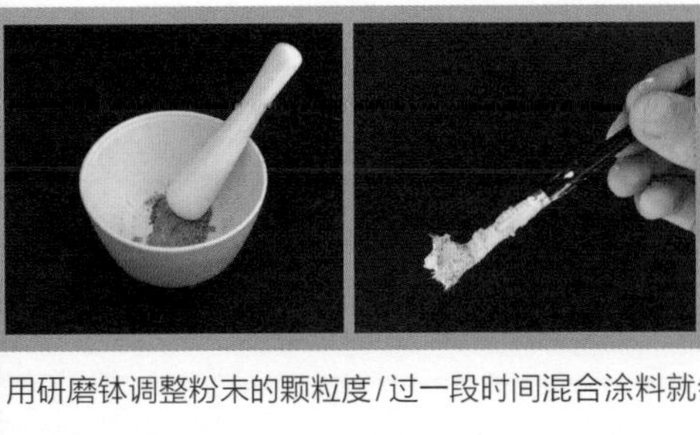

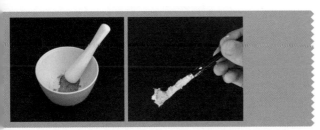

用研磨钵调整粉末的颗粒度/过一段时间混合涂料就会凝结成块

45 灼烧形成的木质纹理

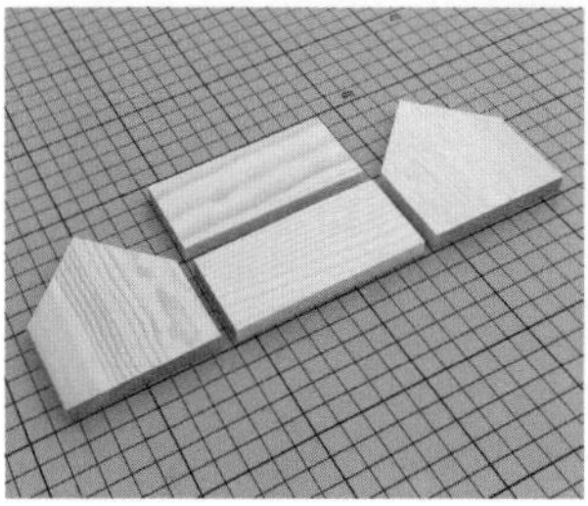

❶需要灼烧的是部分表面，而非全部，所以可以在组装前完成灼烧工作。

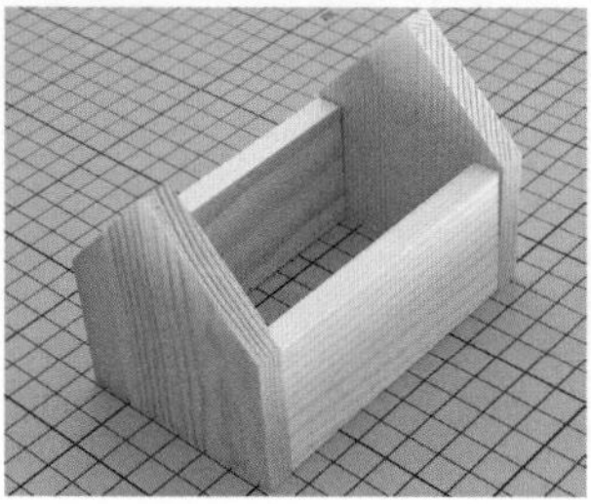

❷也可以在组装后再进行整体的灼烧，这样会更均匀，效果比较自然。

❸使用烹饪用的喷火枪。一定要在室外开展灼烧工作，需要一边注意周围的情况，一边展开工作。

通过灼烧来表现模型真实的材质感。

实际模型制作中“烧制”是能打造材质真实感的表现方法。至于灼烧工具，一般使用烹调用的喷火枪，可以表现出木材被灼烧形成的层次感。一般情况下，灼烧程度的把控是一开始轻度灼烧形成浅色，再进一步慢慢地烧成深色。同时，灼烧过程中需要关注木纹的变化。不同木材会有不同的变化，如果出现木纹过于显眼，木纹不符合模型比例等情况则需要更换木材。

模型制作概况

制作时间：大约20min/难易程度：★★★

木材　　喷火枪

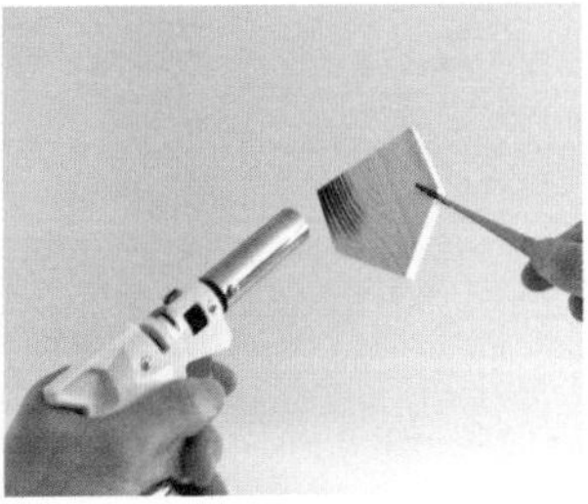

❹一手用火钳等工具夹着木材，一手使用喷火枪均匀地灼烧木材。

❺不想制作灼烧痕迹的地方可以用金属胶带等不燃材料进行遮盖。

❻揭下金属胶带等遮盖物后，保留着木材原色的部分可以表现门窗等建筑构件。

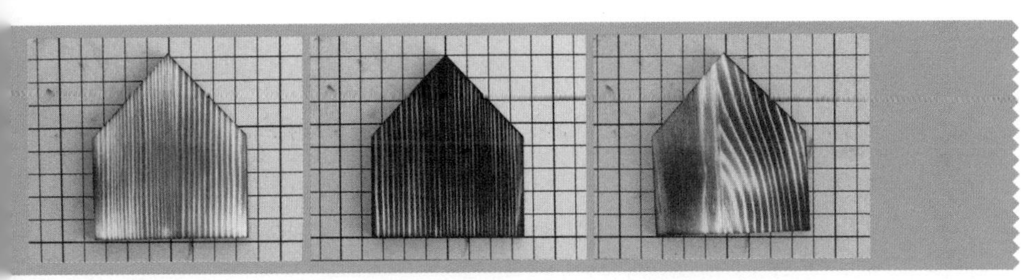

轻度灼烧的材质效果/重度灼烧的材质效果/有木纹情况下灼烧后的材质效果

46 灵活利用纸绳制作护墙板

s=1 / 50

❶ 纸绳有各种各样的种类，粗细程度和颜色各不相同。此次模型制作范例是用纸绳来表现木材，因此使用茶色。匹配需要表现的模型尺寸，对纸绳进行裁剪。

❷ 在雪弗板上贴上双面胶，再将纸绳贴上去。注意不要让纸绳之间的缝隙太明显。

❸ 在表面用砂纸轻轻摩擦，就会形成类似垫子的模型效果，可以作为木制甲板地面。

Point

纸绳特有的竖条纹肌理就像板材排列一样。

纸绳也适用于表现存在人量接缝的施工现场。如果模型比例足够小，纸绳也可以表现圆木拼接。另外，根据纸绳的线条进行切割或折叠，还可以用于制作简单的家具或人物模型。

模型制作概况

制作时间：大约30min/难易程度：★★

纸绳

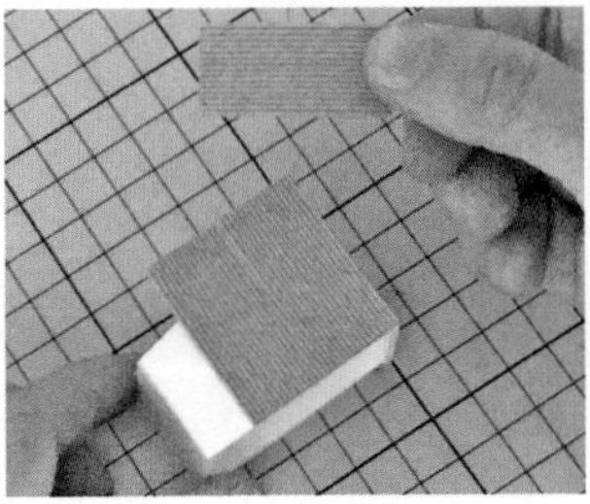

❹ 把纸绳竖着贴在建筑物模型的外墙上，看起来就像竖木板一样。

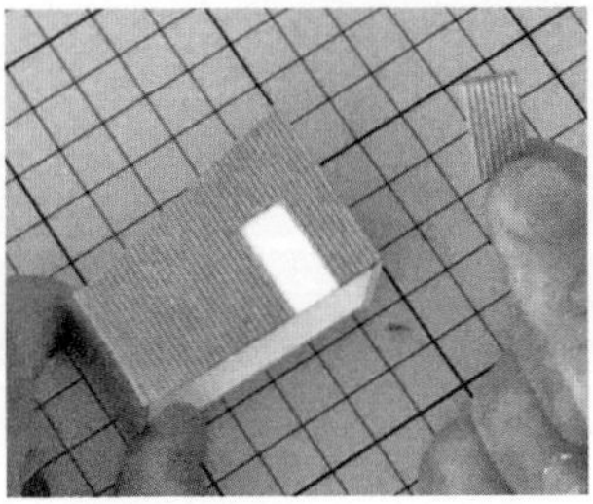

❺ 对纸绳剪进行裁剪也可以表现简易的门窗洞口。

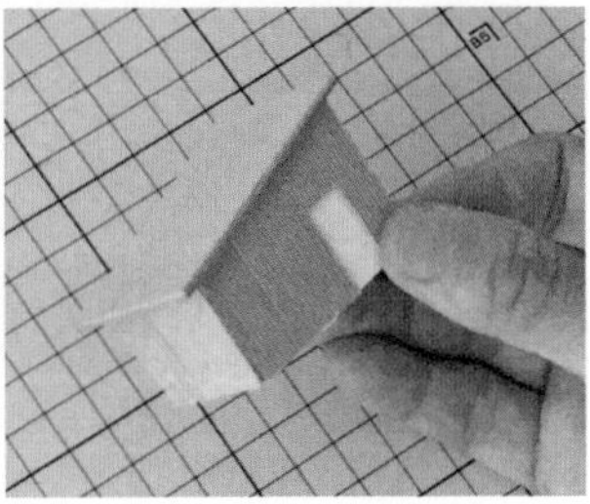

❻ 纸绳也可以作为屋顶材料。如果涂成金属色，就能表现金属或聚碳酸酯的波浪板。

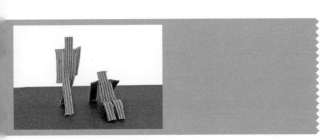

纸绳制作出的人物等点缀物

47 镜面纸表现金属饰面

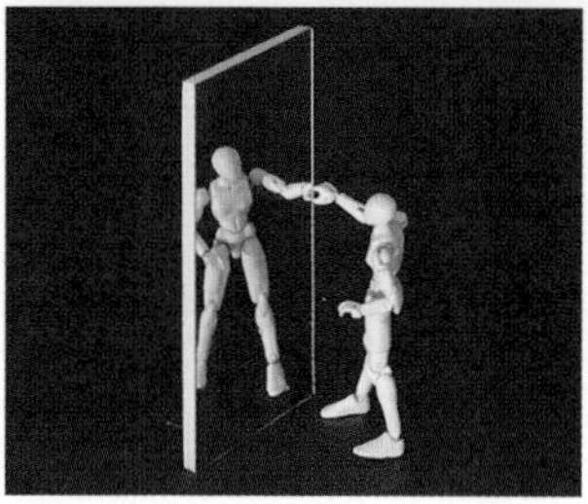

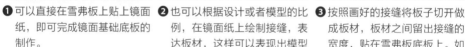

❶ 可以直接在雪弗板上贴上镜面纸，即可完成镜面基础底板的制作。

❷ 也可以根据设计或者模型的比例，在镜面纸上绘制接缝，表达板材，这样可以表现出模型的比例感。

❸ 按照画好的接缝将板子切开做成板材，板材之间留出接缝的宽度，贴在雪弗板底板上。如果在雪弗板底板上贴上黑色的纸，就能更加强调接缝。

Point

把镜面纸加工成各种各样的金属纹理效果。

镜面纸有多种厚度，其中较薄的容易加工。镜面纸也有背面是胶面的类型，可以粘贴在其他材料上。镜面纸贴上无色的玻璃胶垫能增加垫子的质感，更接近镜子的真实效果。同时，可以利用OHP投影片，在镜面上制造各种线条，表现各种各样的图案效果。

制作时间：大约30min/难易程度：★★

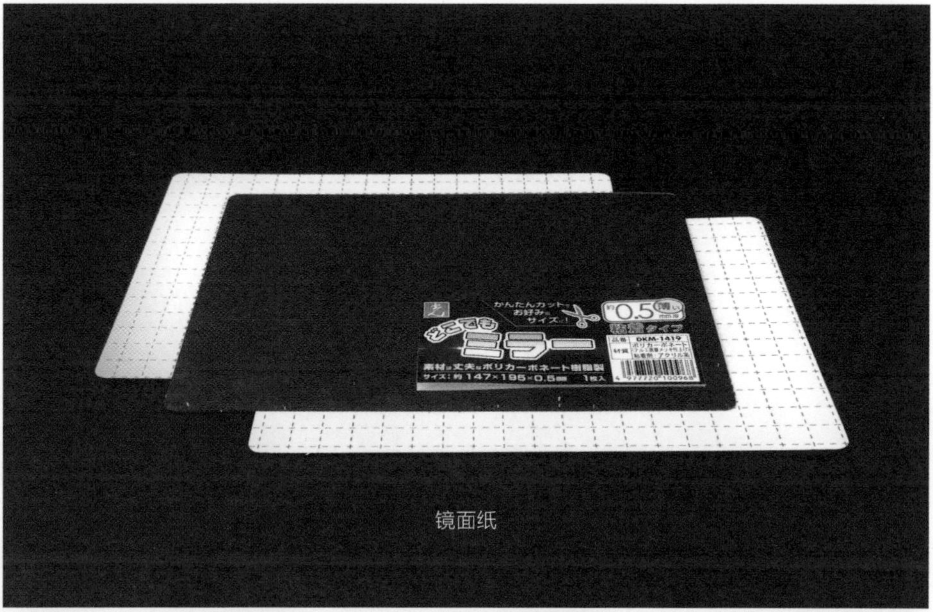

镜面纸

❹ 镜面纸上制作线性纹理的方法：在镜面纸表面用砂纸向一个方向摩擦，从而产生肌理，完成线性纹理的表达。

❺ 在镜面纸上制作锤子敲击纹理的方法：把镜面纸镜面朝下放在粗糙的砂纸上，用锤子从背面敲击，即可实现。

❻ 一边改变位置和方向，一边敲击，就会形成凹凸的表面肌理。

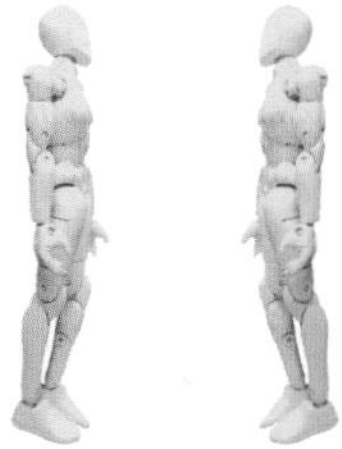

48 用打磨过的砂纸表现生锈痕迹的金属板

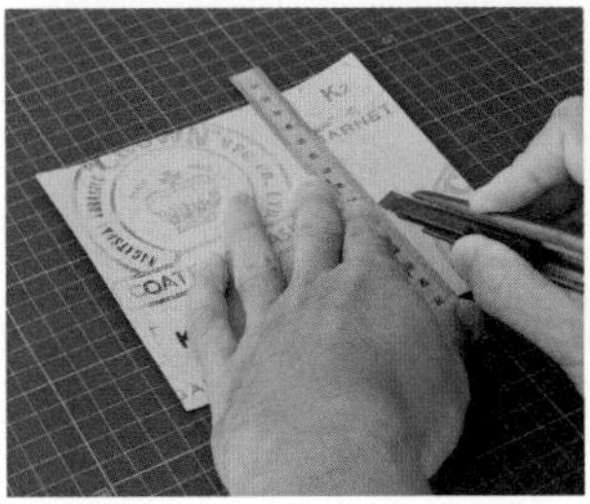

❶ 砂纸要根据需要表现的模型深度和模型比例来选择相匹配的型号。裁剪砂纸时，从砂纸的背面进行裁剪能更好地保护刀刃。

❷ 在砂纸背面喷上胶水，贴在作为基础底板的雪弗板上。

❸ 为了淡化砂纸本身的粗糙质地，需要先在整个砂纸的表面用另一张砂纸轻轻打磨。这里需要说明，砂纸和砂纸之间也可以相互打磨。

Point

利用砂纸表达与金属生锈痕迹的风格和颜色相类似的效果。

在砂纸上可以用铅笔粉或彩喷等来表现颜色和质感，可以有各种各样的表现方法。用美工刀裁切砂纸的时候，从背面切不容易伤到美工刀的刀刃。割几次后需及时更换刀刃以保证切割效果。

模型制作概况

制作时间：大约10min/难易程度：★★

砂纸（不同的粗糙度）

❹为了强调金属板上的生锈痕迹，可以用红色系的彩色铅笔在砂纸表面浅浅地涂上一层颜色。

❺着色完成后再用砂纸打磨，颜色就会晕染开来，变得均匀自然。

❻最后可以用马克笔给雪弗板的侧边涂上与砂纸相似的颜色，这样板材组装后侧边就不会显得突兀。

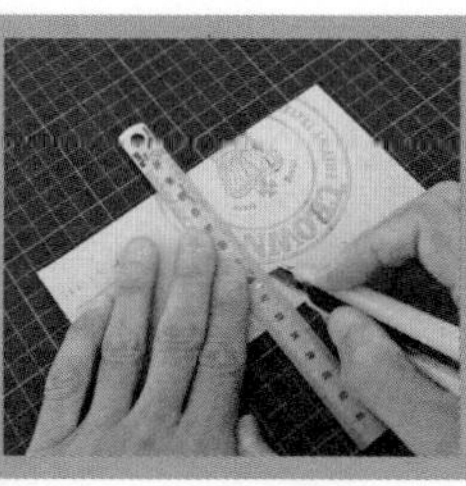

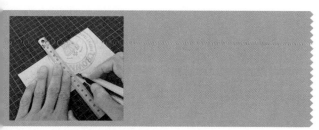

裁切砂纸时最好从背面进行切割

49 厨房用木签制作木门

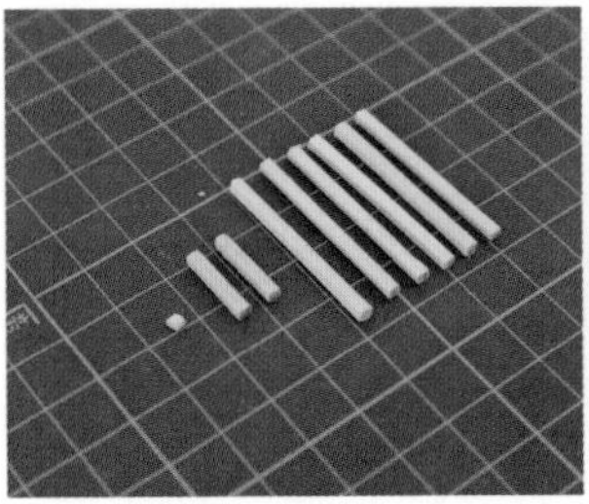

❶按照门框、门面、门把手所需的尺寸将木签剪好。一般玄关门的实际尺寸是宽900mm × 高2100mm。

❷也可以根据模型的风格用马克笔等进行着色。

❸将4根长的木签组合制作成门板的部分。

Point

活用厨房用木签的四方形断面，将其作为方形木棍材料使用。

使宜的厨房用木签可以代替方形木棍，一定要充分利用。如果是比例比较小的模型，厨房用木签还可以用于制作墙壁和屋顶。

模型制作概况

制作时间：大约10min/难易程度：★★

厨房用木签

❹将上下和两侧的门框分别按对应位置贴在门板上。

❺将“门把手”粘贴在相应的位置。

❻将制作好的门的模型嵌入墙体中即可完成。

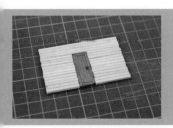

厨房用木签制作的木屋风格的墙壁效果

50 储物箱制作日式格子结构

❶准备塑料储物盒等格子状的物品作为素材，用钳子拆解成需要的大小。

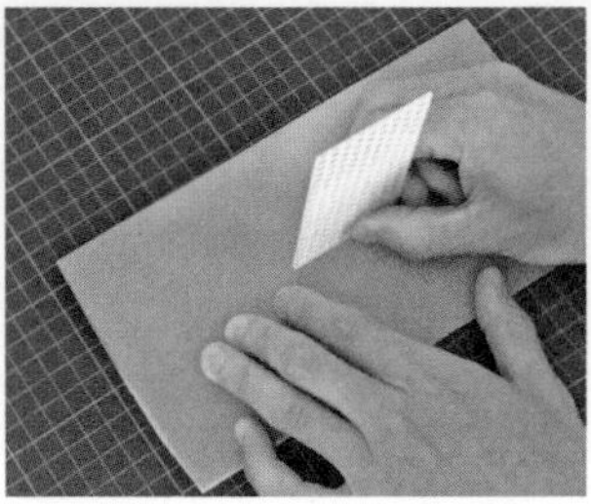

❷用砂纸等材料打磨板子的边缘。

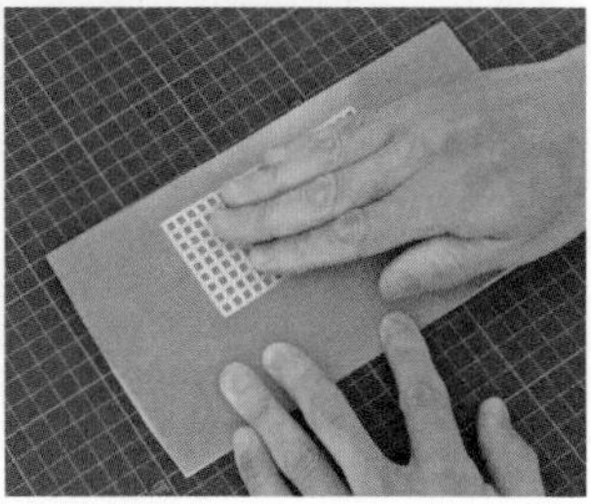

❸对格子板的表面用砂纸进行打磨加工。

将现成的物品进行拆分，会意外地发现可以用于模型制作的材料。

受限于格子的大小、厚度、形状尺寸等因素，用其制作的模型很难完全一致地表达出表现对象的实际效果，所以还是制作表现研究分析阶段的意向模型和简单的概念模型为主。当然，如果比例刚好合适，也可以用于制作演示模型。想要制作严格符合比例的模型，可以如

模型制作概况

制作时间：大约30min/难易程度：★★

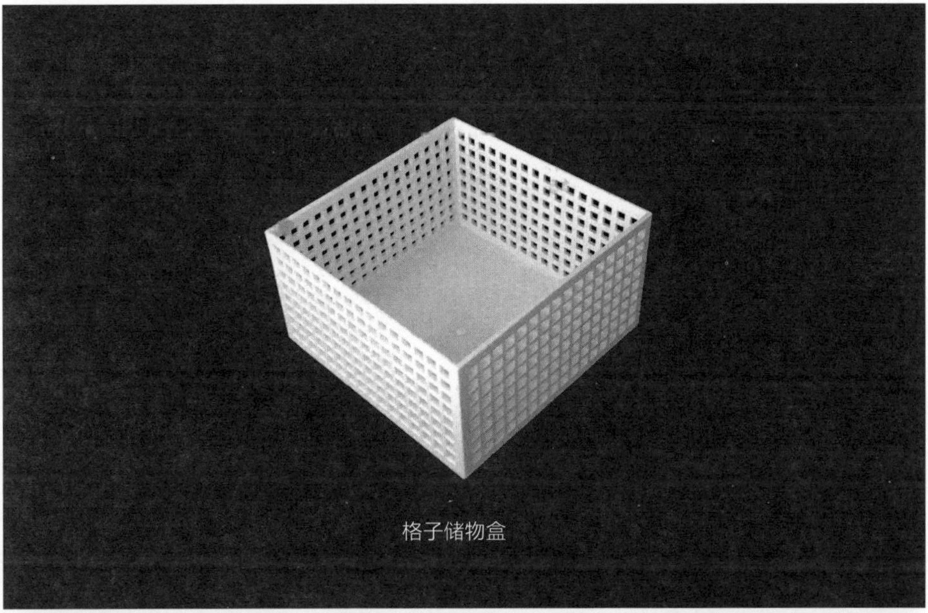

格子储物盒

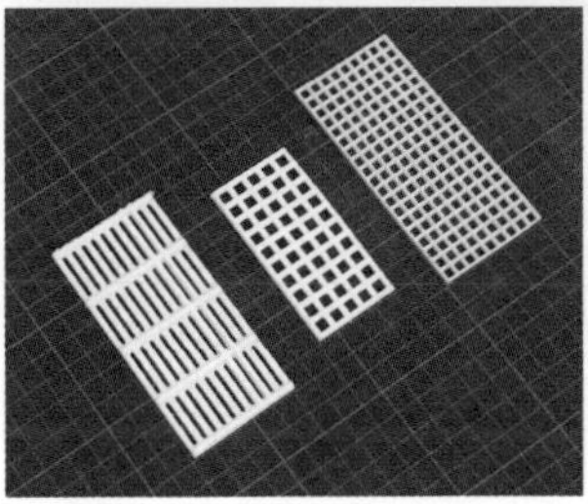

❹ 用清洁工具清洗格子板材的表面。

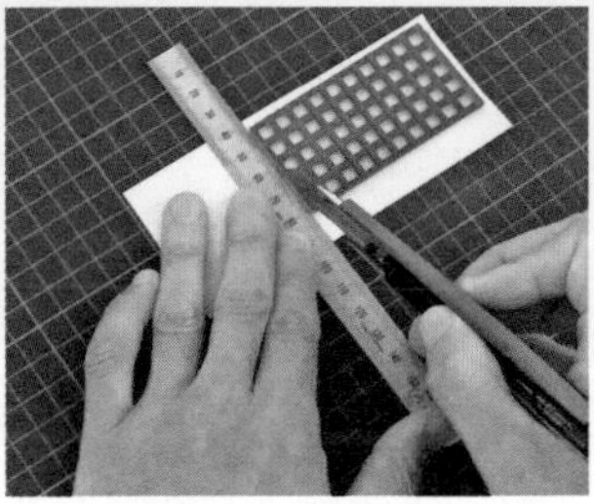

❺ 可以在格子边喷上胶水，粘贴上半透明纸做成推拉门，最后剪掉多余的半透明纸。

❻ 格子板材有各种各样的类型。配合粘贴半透明纸和喷漆上色，可以表现出多种多样的模型构件。

右边的参照图片一样以厨房用木签为材料。

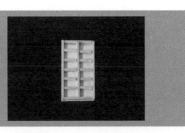

使用厨房用木签制作的推拉门模型

51 透明文件夹制作各种窗户

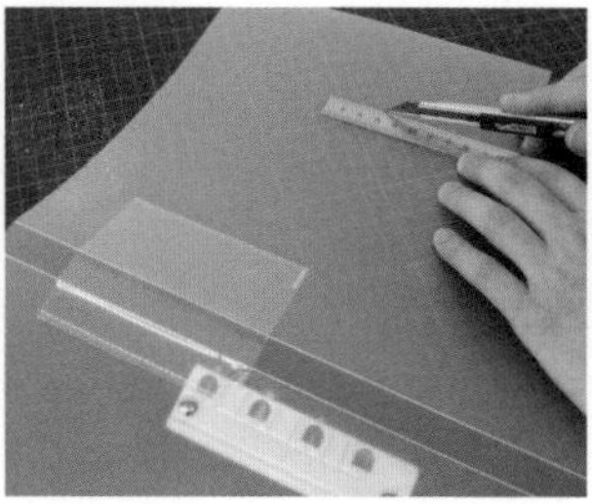

❶ 将厨房用木签切成需要的长度。

❷ 按照需要制作的窗户大小裁切透明文件夹。

❸ 在第1步做好的用于制作窗框的厨房用木签上涂上薄薄一层胶水，与第2步切出的透明文件夹粘在一起，即完成窗户模型的制作。

Point

不同的材料可以表现出不同的窗户模型。可以留心寻找可利用的材料，这一过程也很有趣。

透明文件夹种类多样，可以作为透光性材料应用于模型的制作。另外，如果不剪掉边缘，只剪掉中央部分，即使多剪掉一些也可以作为文件夹继续使用。

模型制作概况

制作时间：大约10min/难易程度：★★

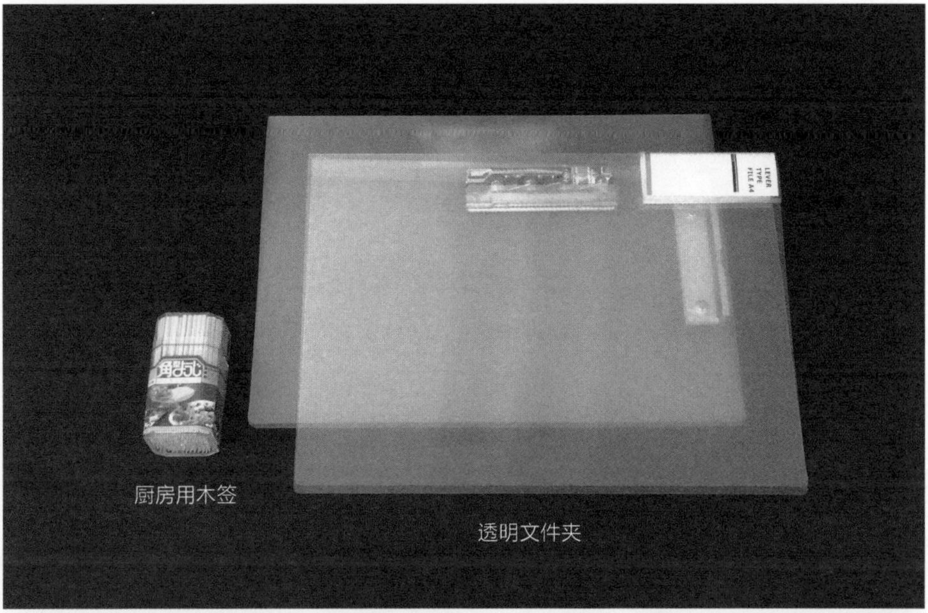

❹制作磨砂玻璃的方法。从透明文件夹里切出两扇窗户所需的窗户玻璃零件。这里以正方形的探视窗为例。

❺将双面胶贴在透明文件夹薄片的一面，将两个透明文件夹薄片贴在一起。

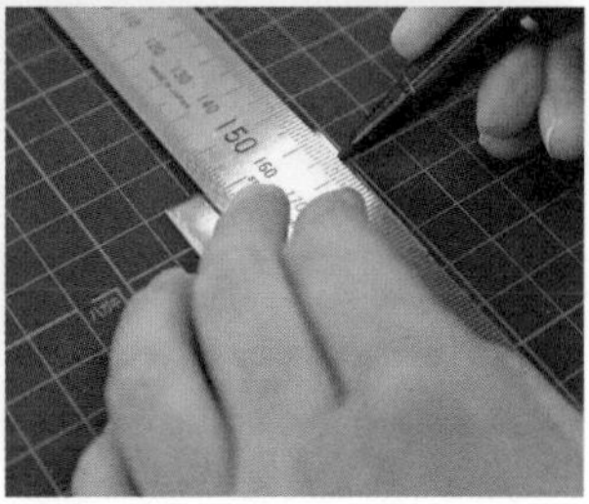

❻窗框可以通过马克笔着色来表现。

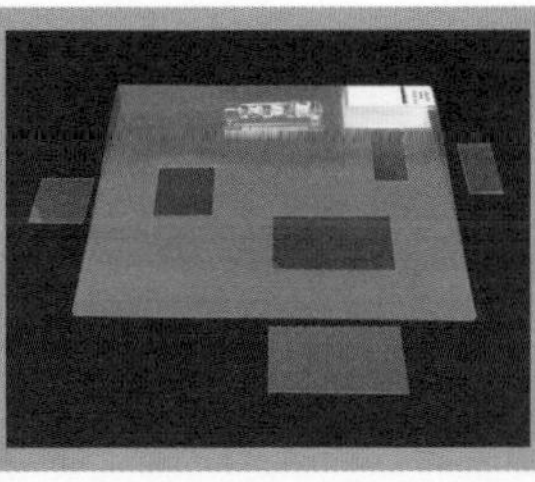

剪掉中部的透明塑料薄片后依然可以作为文件夹使用

52 三聚氰胺海绵制作家具组合

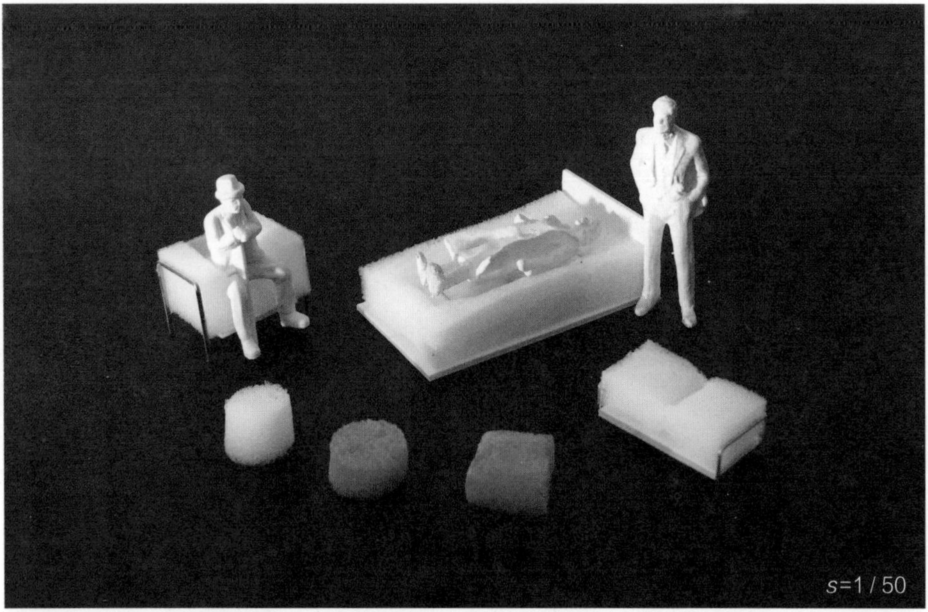

❶ 准备所需的三聚氰胺材料的海绵，并将其切成小块。

❷ 制作床的主体。用美工刀将海绵切成需要的大小。切割时可以把美工刀的刀刃伸长，然后水平方向缓慢地推拉刀刃，这样容易裁切出平滑的断面。

❸ 使用茶包外面的无纺布制作床上的被子。被子里面的填充物可以使用其他的模型材料。

三聚氰胺海绵是海绵中最容易切割成型的，因此常常用其制作建筑模型中的家具。这种材料也很适合用于制作白色模型。

裁切三聚氰胺海绵时，由于美工刀刀刃会产生偏移弯曲，裁切的断面经常会扭曲。更细致的制作方法是，将两个直角材料固定在木板上，制作成固定底板（见右图），然后用切面包的大型裁刀进行切割，这样就能加工得很精细。另外，用打孔器制作圆形海绵，可以作为简单的凳子模型。

模型制作概况

制作时间：大约5min/难易程度：★★

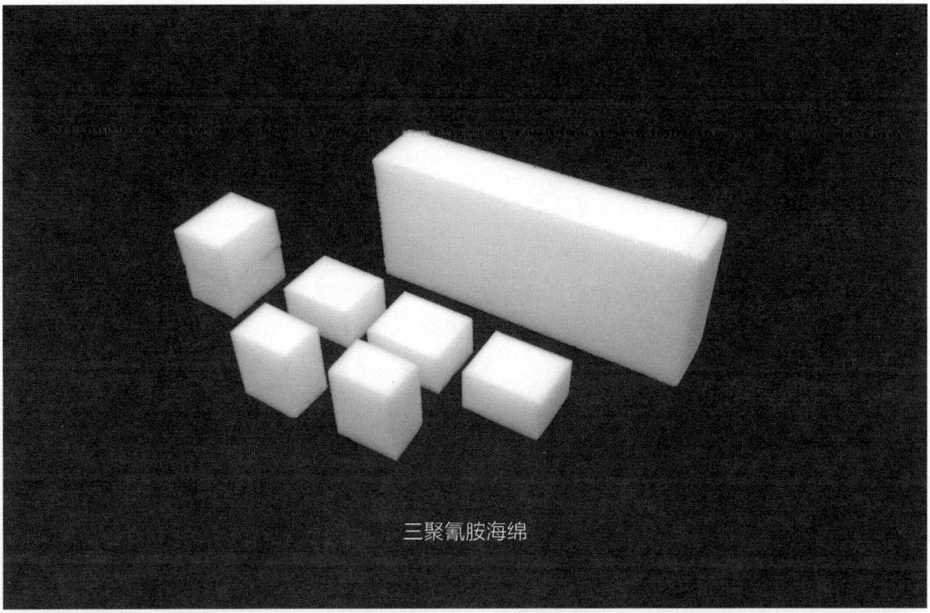

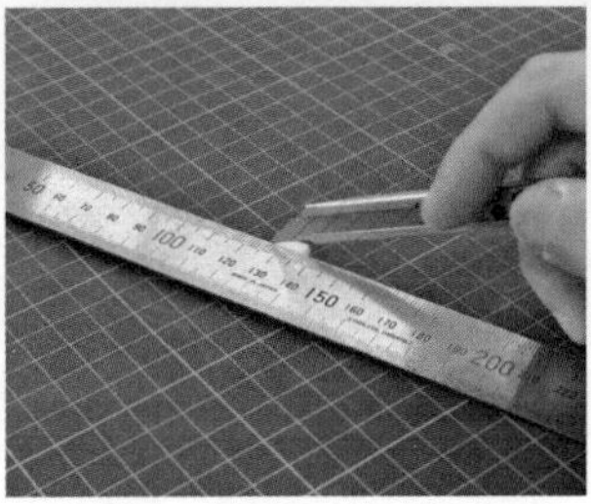

❹将第2步中剩余的边角料切成薄片后再裁成小块，用于制作枕头。

❺将第3步和第4步制作出来的被子及枕头粘贴在第2步制作的床面上，制成一组。

❻可以使用布料进行修饰，这样制作出的模型就更具有真实的质感。这种模型制作方法十分适合表现室内装饰的场景。

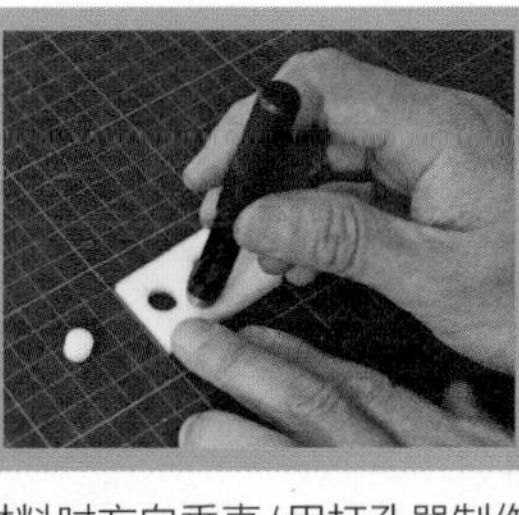

用自制的固定底板保证切割材料时方向垂直/用打孔器制作圆形凳子模型

53 订书钉+轻质木板制作家具组合

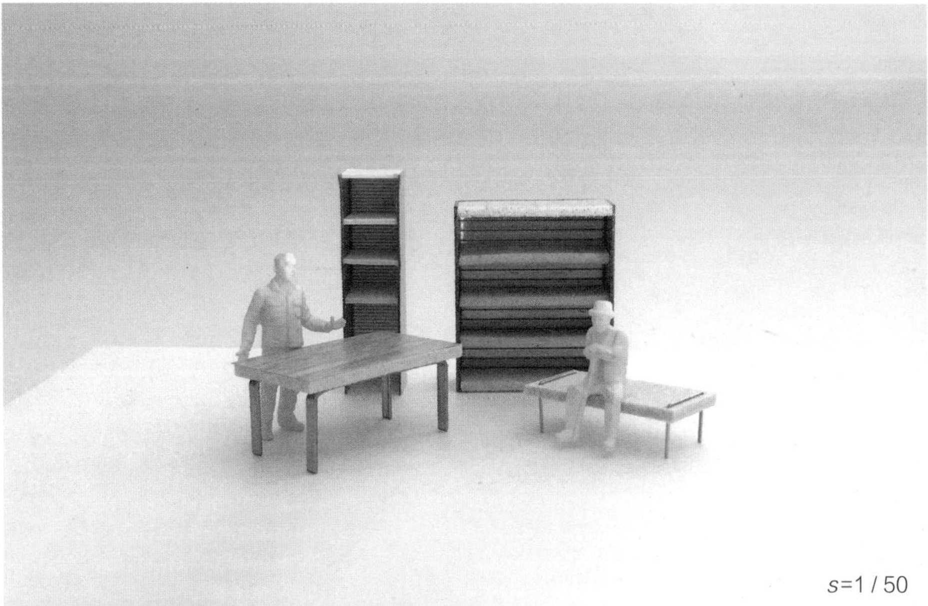

s=1 / 50

❶制作书架。准备与需要制作的模型比例相匹配的订书钉，这里用的是10号的订书钉。

❷利用轻质木板切出书架的板子。

❸切好的轻质木板镶嵌在订书钉上，完成书架的制作。

订书钉可以与其他材料组合制成各种各样的家具。

订书钉有各种尺寸，可以根据需要选择不同尺寸。将订书钉与其他材料组合可以制作出各种各样的家具。另外，纸板箱包装时使用的“封口钉”，大小适中，加工性能也很好，可以加以利用制作椅子之类的家具。除了基础的建筑模型外，通过将订书钉进行拼接组合，可以制作

模型制作概况

制作时间：大约15min/难易程度：★★

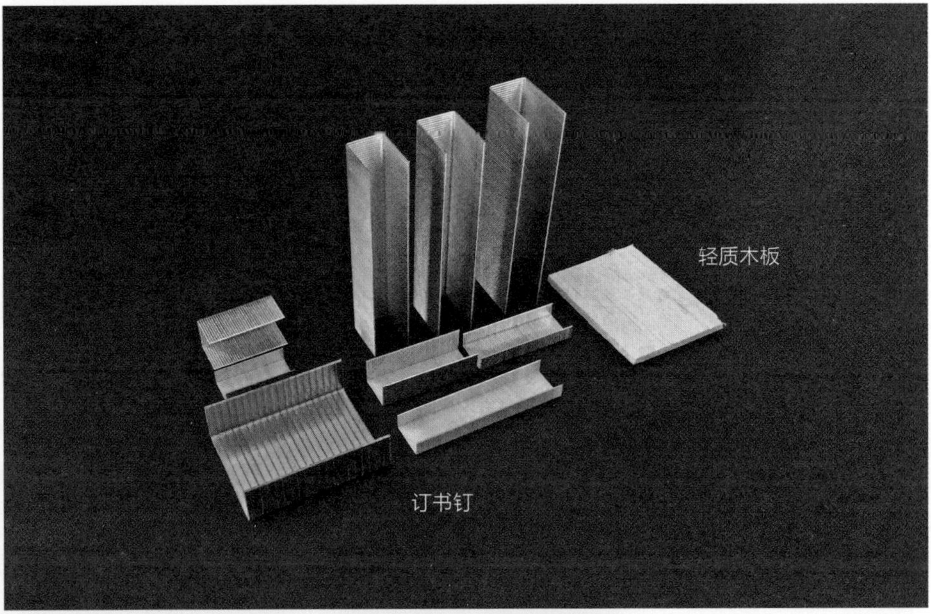

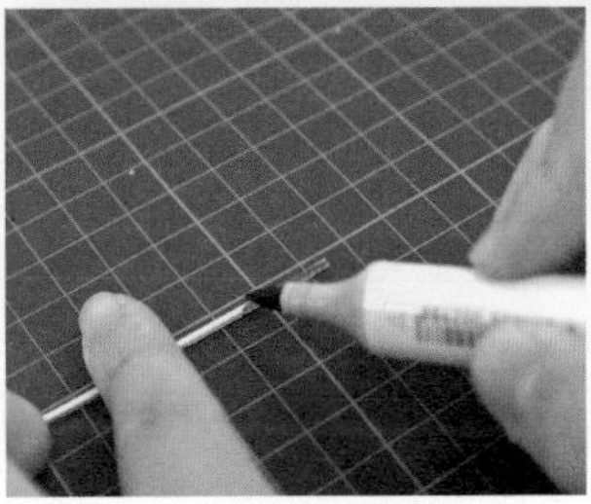

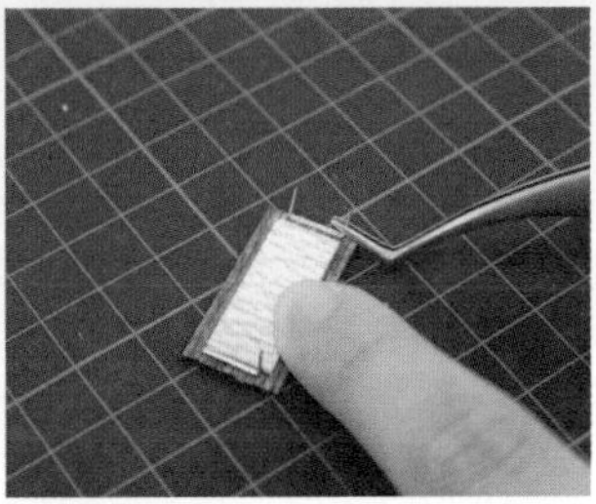

❹接下来制作长椅。首先用水性笔给切好的方形木棒上色。

❺将上色后的方形木棒横向并排放在一起，作为长椅的座面，然后铺上比座面略小的轻质木板。

❻在轻质木板上粘贴订书钉作为凳脚，完成长椅的制作。

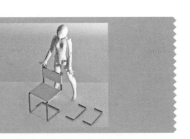

成类似H型钢的构件，用于构造模型的制作。

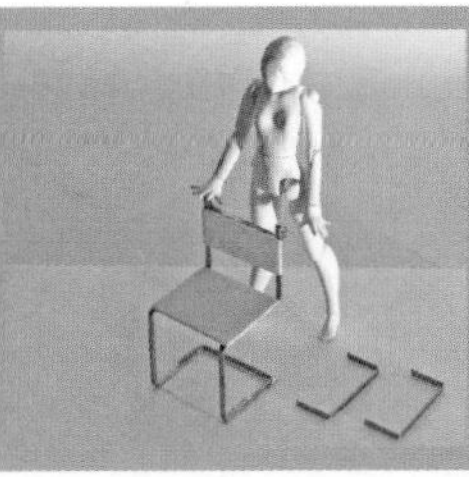

将订书钉相互组合制作而成的椅子

54 牙签+彩色泡沫板制作沙发椅

s=1/50

❶ 剪掉牙签的手柄部分和前端尖细部分，将其加工成粗细均匀的圆形木棒。

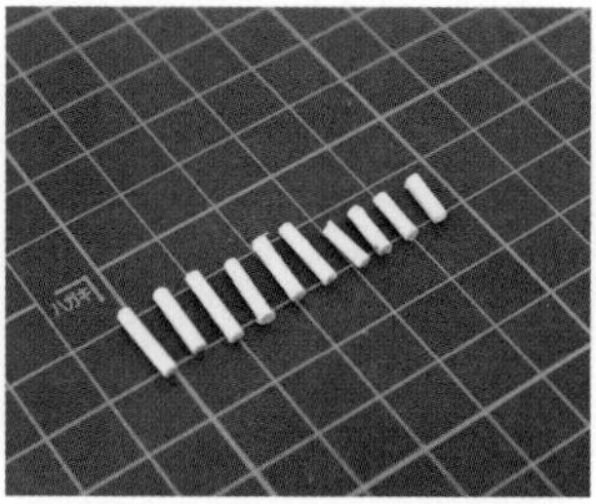

❷ 裁剪出6根圆形木棒作为结构构架，裁剪出4根圆形木棒作为椅子腿。1/50比例的模型，需要制作的结构构架的木棒是10mm长，椅子腿是6mm长。

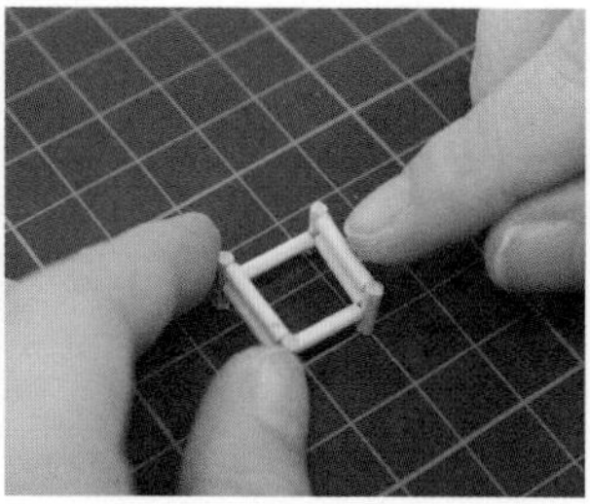

❸ 在椅子腿上粘贴上制作结构构架的木棒，作为椅子整体的基础框架。在木棒的前端少涂一点黏合剂，可以将框架完成得更精致。

Point

用彩色泡沫可以表现出椅子坐垫特有的有一定弹性的松软效果。

彩色泡沫有一定的硬度，可以表现出边缘的形状，同时比塑料板柔软，因此适合用于制作布沙发模型。如果在椅背和座面上加入类似格子图案的切割肌理，可以制作出具有编织感的绒面材料沙发。另外，因为彩色泡沫容易出现凹陷和按压痕迹，需要格外注意，小心保管。

模型制作概况

制作时间：大约15min/难易程度：★★

牙签　　彩色泡沫板

❹根据椅子框架的尺寸，用彩色泡沫板制作座面和椅背。

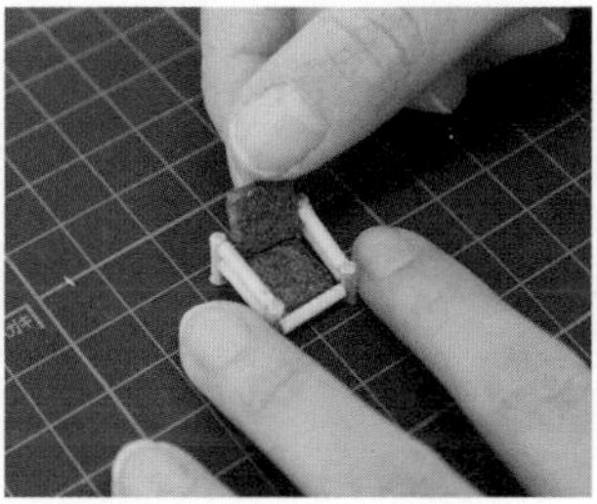

❺将加工好的彩色泡沫板与椅子框架粘贴在一起。粘贴固定椅背时，可以将固定点设置得低一些，设置在座面的侧面位置，这样整体会更加和谐。

❻如果不制作椅子结构框架，可以做成沙发长椅。也可以将第1步裁切掉的牙签手柄加以利用，制作沙发的脚，同时具备一定的装饰效果。

55 美甲贴片+图钉制作设计感椅子

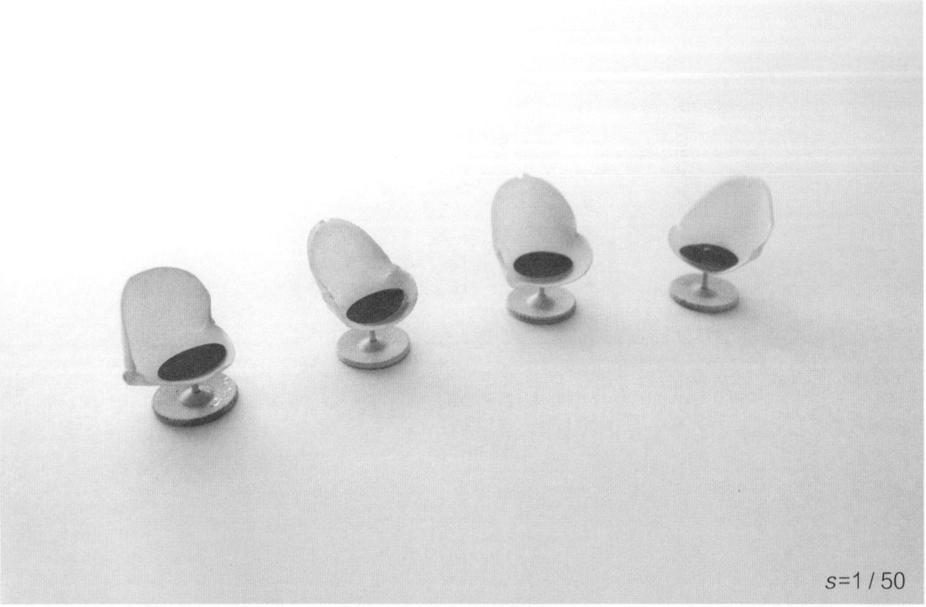

s=1 / 50

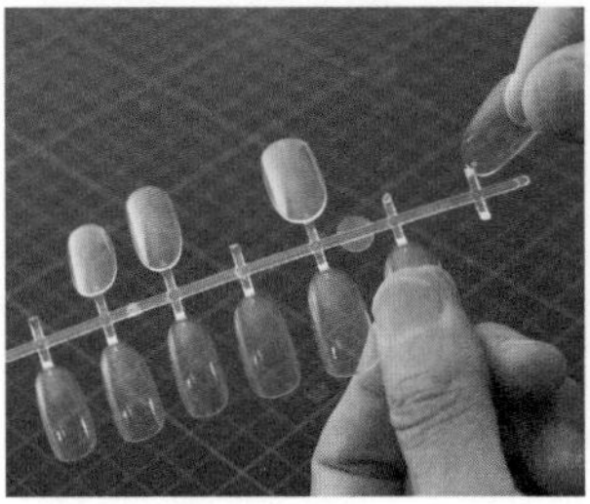

❶准备一套美甲贴片。美甲贴片有不同的尺寸大小，可以根据模型所需的比例选择合适的。

❷对美甲贴片进行加工处理，令其变形成“座面”和“椅背”。方法是用打火机进行轻度的加热，塑形后冷却片刻待其凝固。烧灼的过程中要小心，避免烫伤。

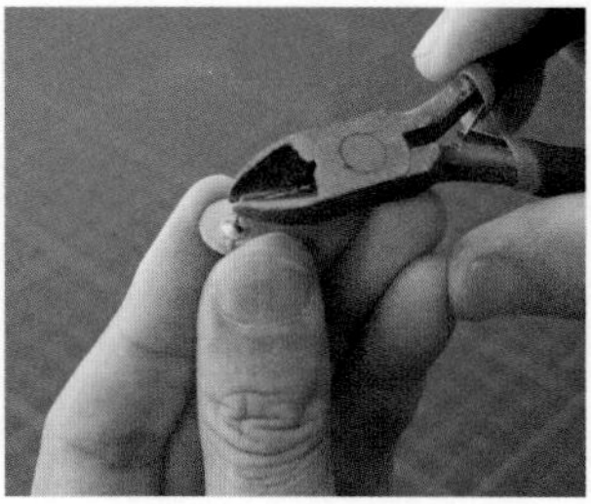

❸椅子的底座利用图钉进行制作。首先用钳子将图钉前端尖锐的部分剪掉，剪切下来的前端部分要收集起来，然后进行安全地处理，不要随意丢弃。

Point 在模型中表现曲面形式的椅子。

在模型中作为点缀物的椅子是制作起来较难的部分。范例中特别展示了“郁金香椅”的制作方法。美甲贴片很薄，可以用美工刀加工成各种各样的形状。如果利用图钉以外的材料制作椅子的底座，与椅面形成不同的搭配组合，可以做出很多不同形式的椅子模型。座面上的椅子

模型制作概况

制作时间：大约20min/难易程度：★★★

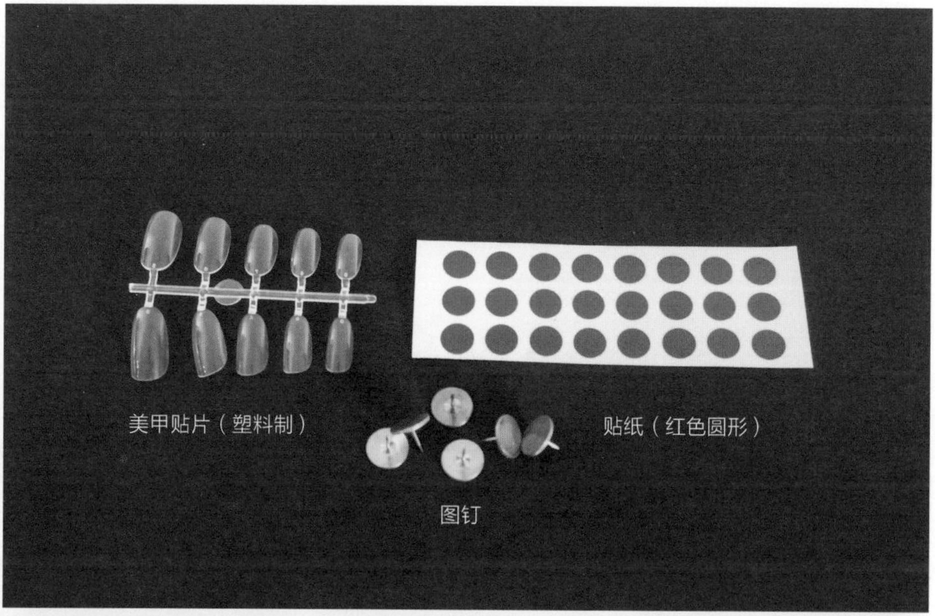

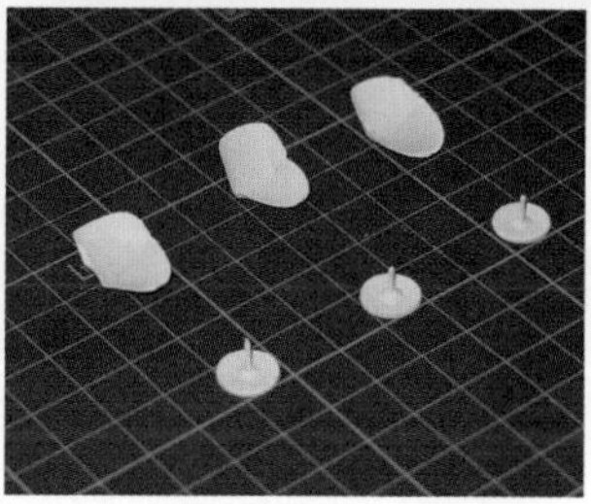

❹接下来需要对椅子的座面和底座进行修饰。可以在表面利用彩喷进行上色，提升模型成品的效果。

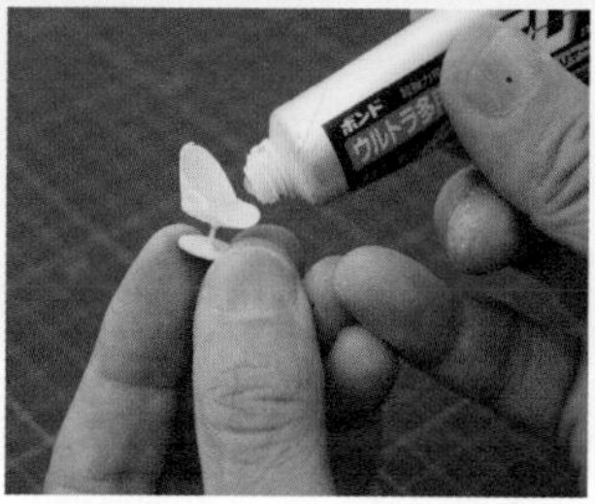

❺在座面上扎一个小洞，用多用途黏合剂将底座和座面粘贴在一起，座面上也需要涂抹黏合剂。

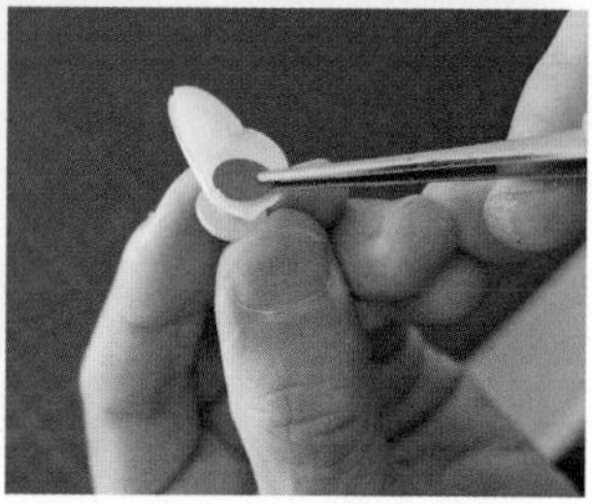

❻在黏合剂凝固之前贴上作为坐垫的材料（本示范使用的是贴纸），椅子模型即完成。

垫也可以用打孔器从画纸上裁剪下来的圆形纸片制作。

“郁金香椅”的迷你模型

56 雪糕棒制作架子

s=1 / 50

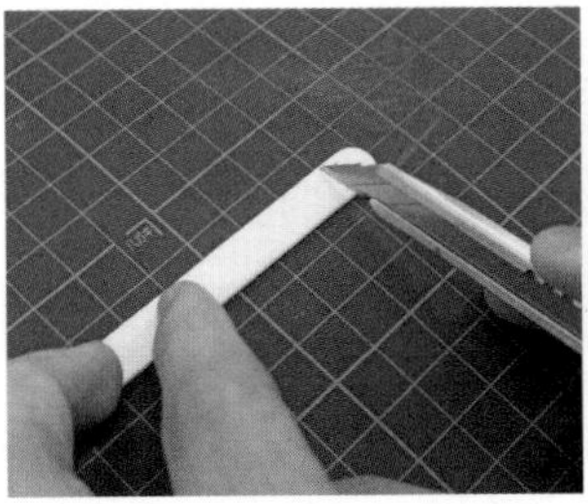

❶ 对雪糕棒进行加工，将两端切掉，形成长方形。

❷ 制作书架上下和中间分隔的木板时，可以用胶带将第1步加工好的长方形木板捆扎起来，切成同样的长度。在此模型范例中，需要裁剪出5块同样长度的木板。

❸ 制作书架两侧和背面的板材，这里同样制作出5块木板。

Point

利用雪糕棒这类廉价材料制作木质家具模型。

雪糕棒可以作为木制家具的板材使用，而书架是最常见的木质家具之一。放在架子上的书可以用雪弗板和胶带进行制作。首先将雪弗板按模型的比例切割成片状，然后用带图案的手帐胶带包起来，沿着书籍长边进行裁切即可完成。

模型制作概况

制作时间：大约10min/难易程度：★★

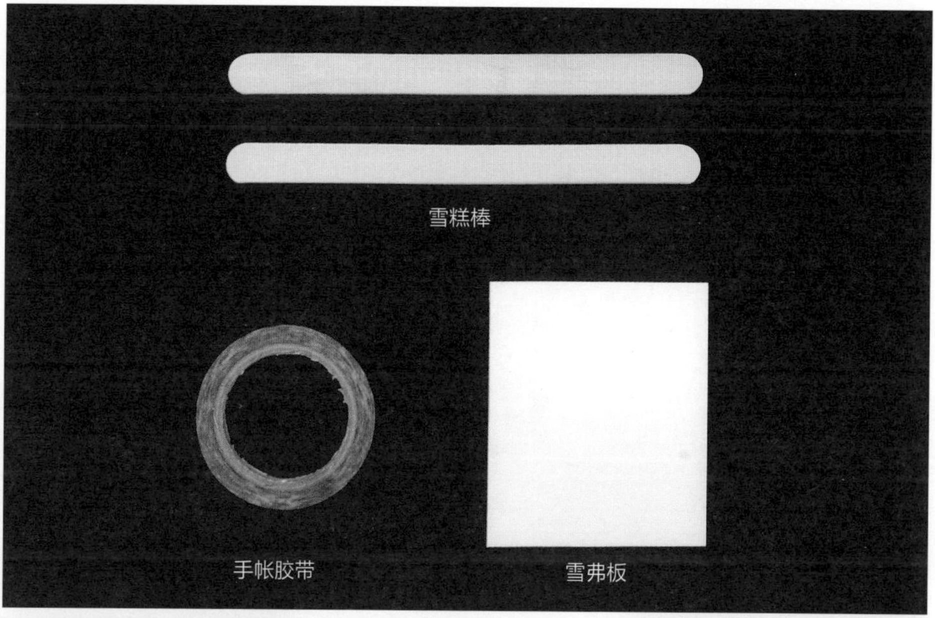

❹利用木工胶，将第2步和第3步制作出的板材组合固定在一起。

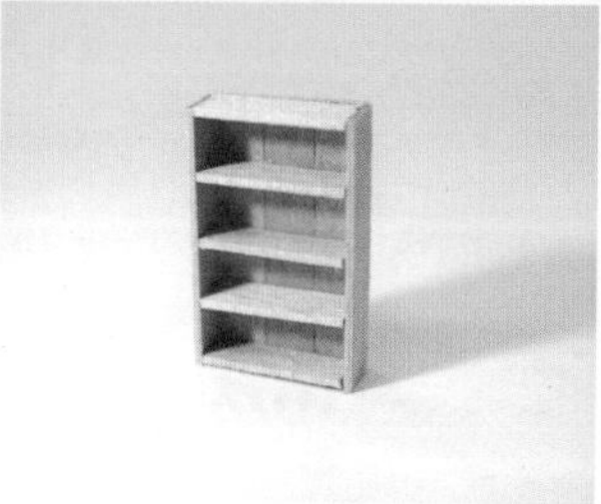

❺完成书架模型。

❻在外侧安装玻璃门，就可以作为餐具柜模型。

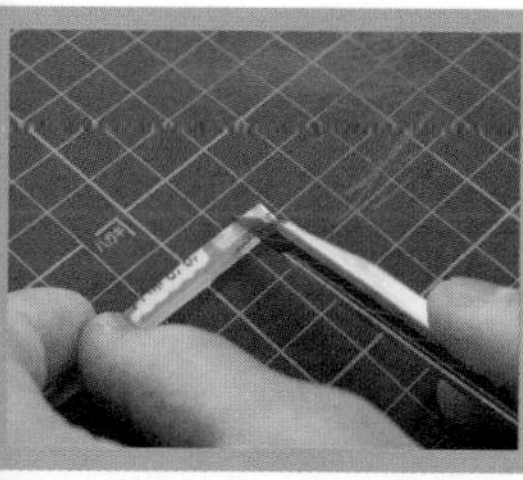

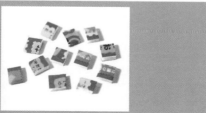

用密封胶带和雪弗板制作的书籍模型

57 锡箔纸制作穿衣镜

s=1 / 50

❶ 将厨房用木签裁切成穿衣镜的边框。

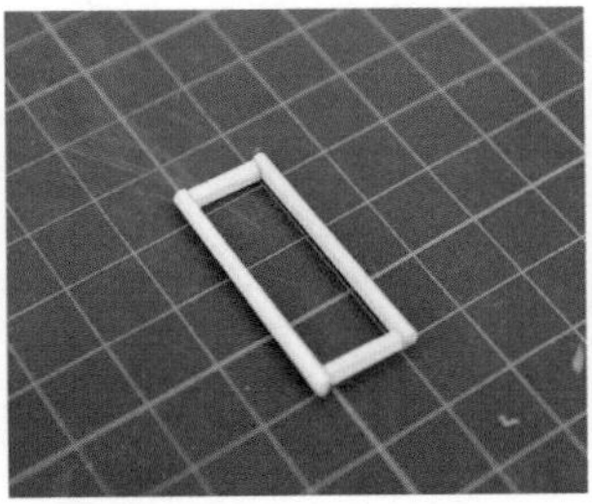

❷ 将第1步制作的木签构件粘贴组合在一起。

❸ 将裁剪得比穿衣镜木签边框稍微大一点的锡箔纸用双面胶贴在雪弗板等板材上。要注意尽量贴平整，不要产生褶皱。

Point

利用锡箔纸可以简单直观地表现镜子。

制作尺寸较小的镜子，可以不用镜面纸，而用锡箔纸代替。虽然锡箔纸很薄并且容易起皱，但是用双面胶带紧紧地贴在底板上，就会比较平整，呈现出适当的反射效果。通过改变木签框架后面的支撑结构的形式，可以制作出多种类型的镜子。如右边的照片，就是取消了支

模型制作概况

制作时间：大约10min/难易程度：★★

锡箔纸

厨房用木签

❹将第3步制作的构件裁剪成穿衣镜木签框架的大小。

❺在木签框架上涂上薄薄一层胶水，粘贴到裁剪好的锡箔纸板上。

❻在穿衣镜背面安装支撑结构，完成穿衣镜模型的制作。

撑，改为壁挂形式的镜子。由锡箔纸制作的镜面没有明显的反射，制作出来的模型也更方便进行拍照。

壁挂镜

58 9形固定针制作燃气灶和水龙头

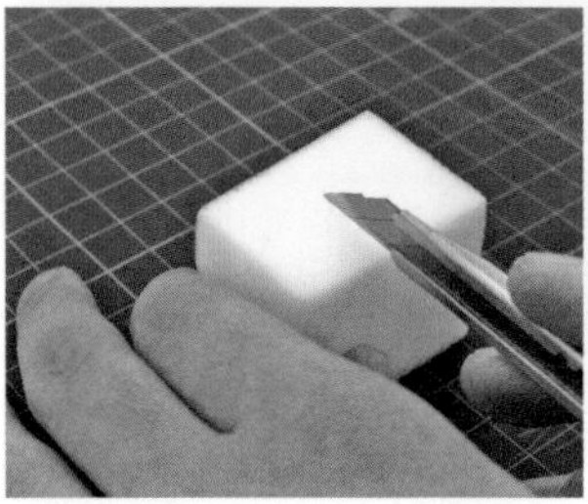

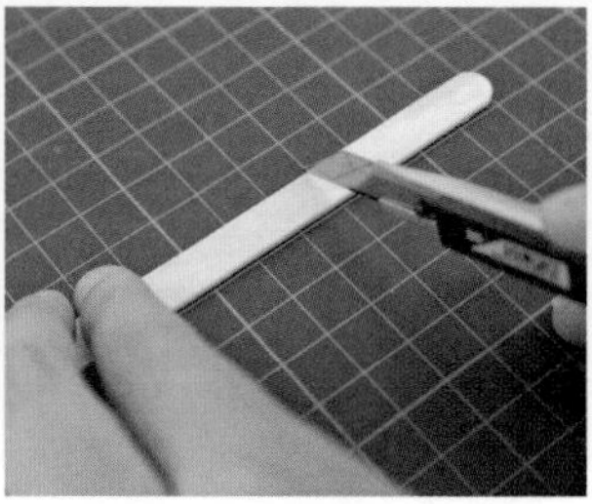

❶切割海绵块用于制作厨房的基础形体。一般厨房的尺寸是宽1800mm×进深800mm×高800mm。

❷用雪糕棒切出面板。

❸将第2步制作的面板粘贴在第1步制作的基础形体上。中央部分不要粘住，需要挖掉形成洞口，当作水槽。

作为首饰配件的9形固定针，剪切拆分后正好可以用来制作水龙头和燃气灶。

作为首饰配件的9形固定针在模型制作中的适用性很高。另外，如果想要打造更真实的厨房，可以将大头针的尖端头切掉，将其弯曲，用来制作水龙头。还可以利用铆钉制作燃气灶。

模型制作概况

制作时间：大约10min/难易程度：★★

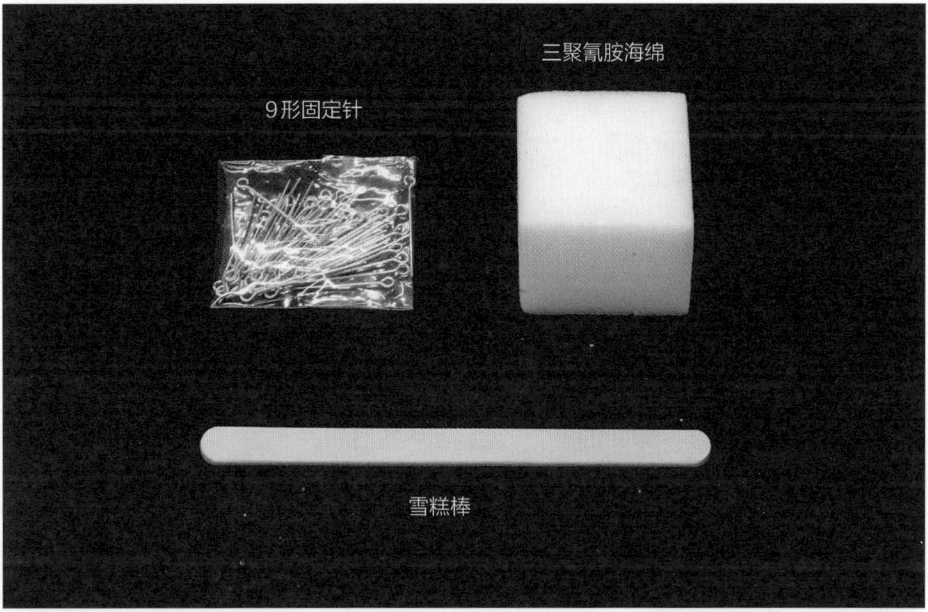

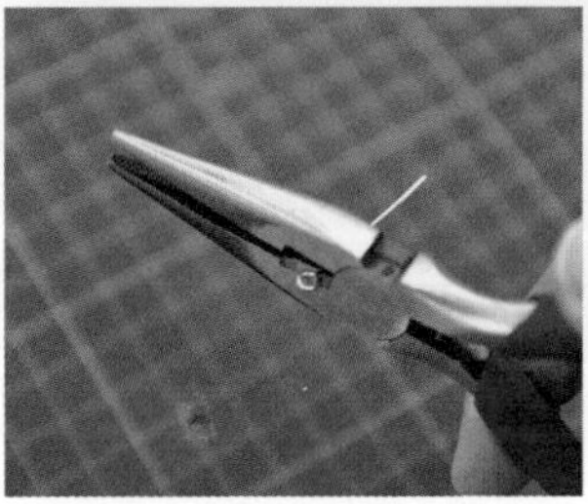

❹将9形固定针的圆圈部分用钳子剪下备用。需要准备3个。

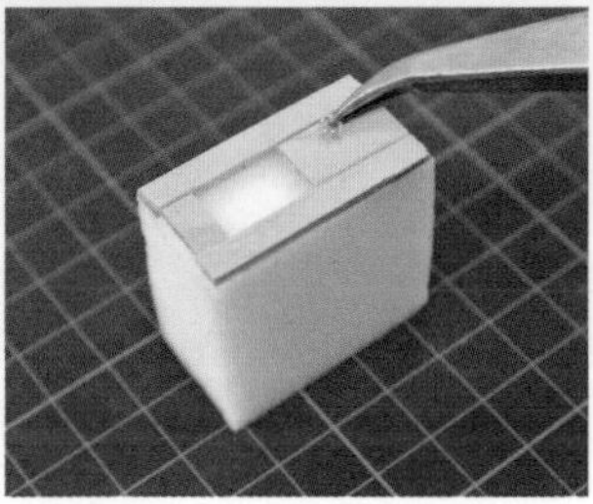

❺将第4步制作的圆圈部分粘贴在面板上形成3个燃气灶的形状。

❻将剪除圆圈部分的9形固定针用钳子进行弯曲后做成水龙头，然后粘在水槽边。

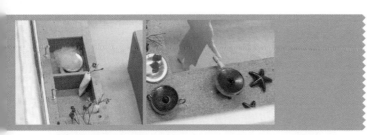

将大头针的尖端剪除后弯曲制作而成的水龙头/使用铆钉制作的燃气灶

59 发泡胶制作充满热水的浴缸

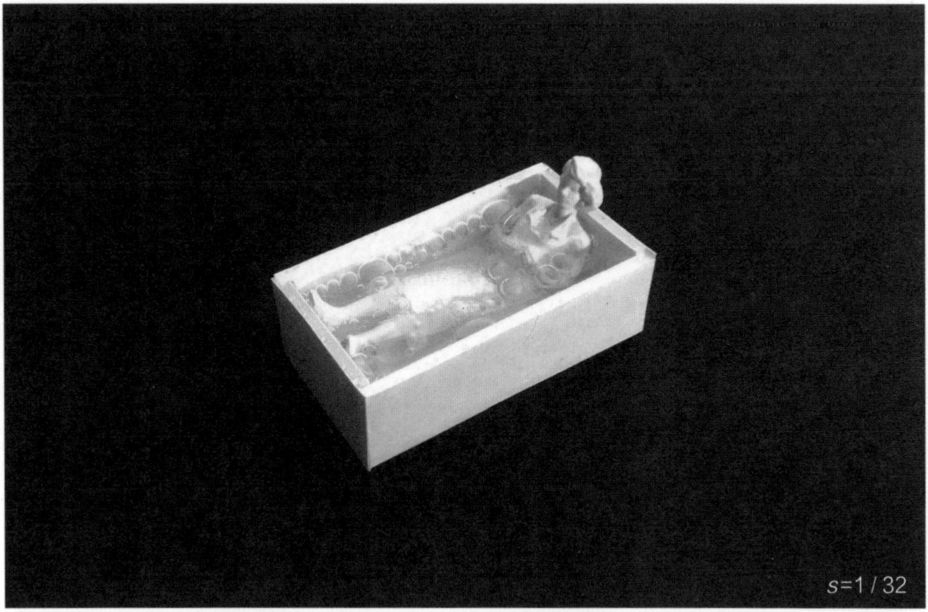

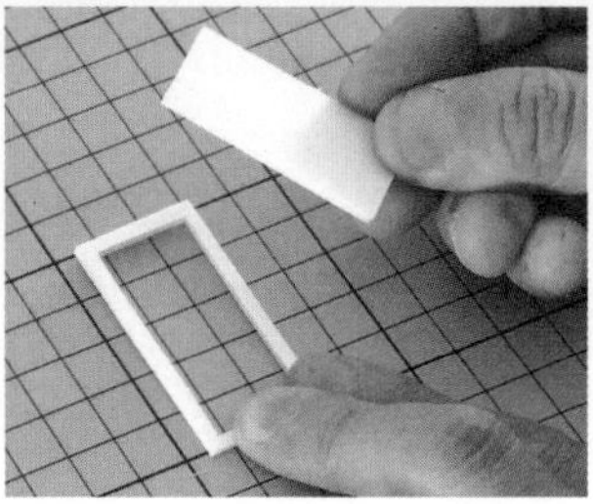

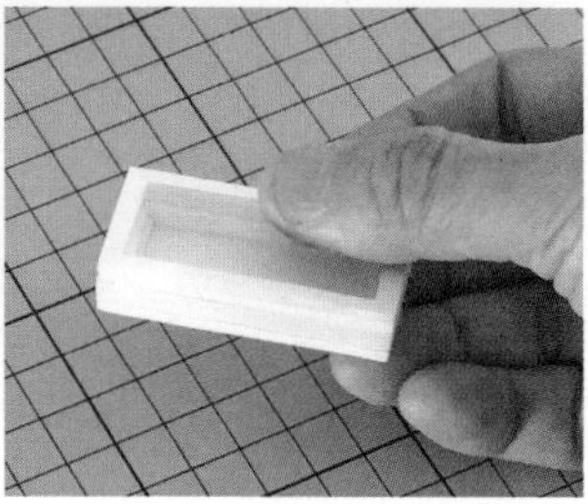

❶ 首先将雪弗板裁切成制作浴缸所需的大小。

❷ 把雪弗板挖空形成浴缸截面的形状，重复制作多个构件。

❸ 将多个挖空的构件叠加在一起，在这个范例中，一共叠加了四个。底层用一块完整的雪弗板。

Point

注入的胶水要尽量薄。

搅动胶水形成气泡，就可以表现泡泡浴。如果在容器中注入胶水，再混合一些颜料，就能制造出水中加了入浴剂的效果。

模型制作概况

制作时间：大约30min（模型风干需要一天时间）/难易程度：★★

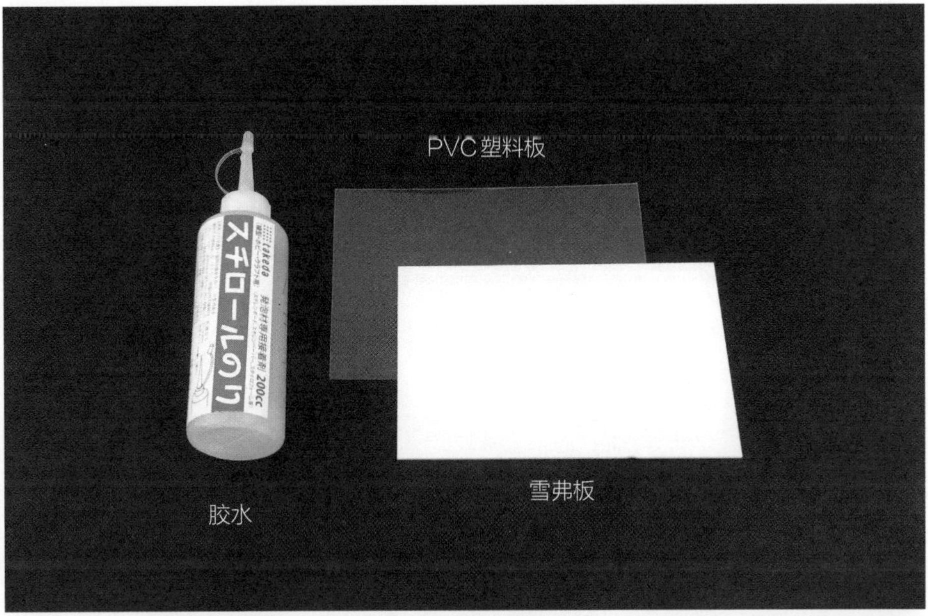

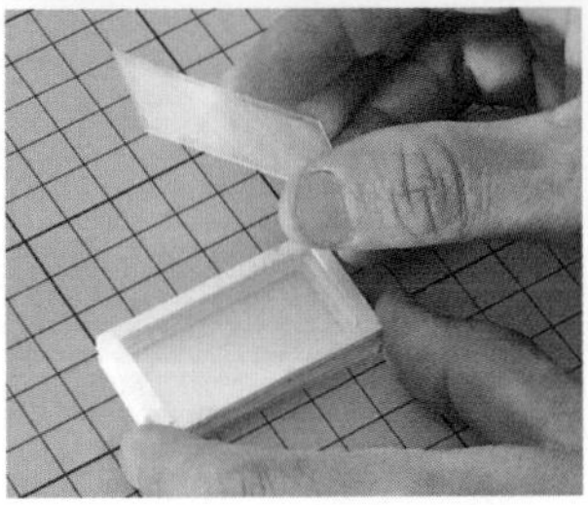

❹PVC 塑料板一面用锉刀磨成白色粉霜状，磨好的一面朝下，贴在浴缸里面，作为水面。

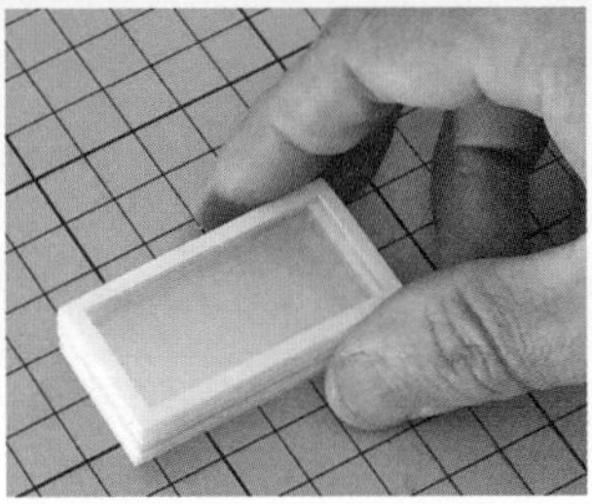

❺接着倒入胶水，根据浴缸内的空间大小来决定胶水的量。

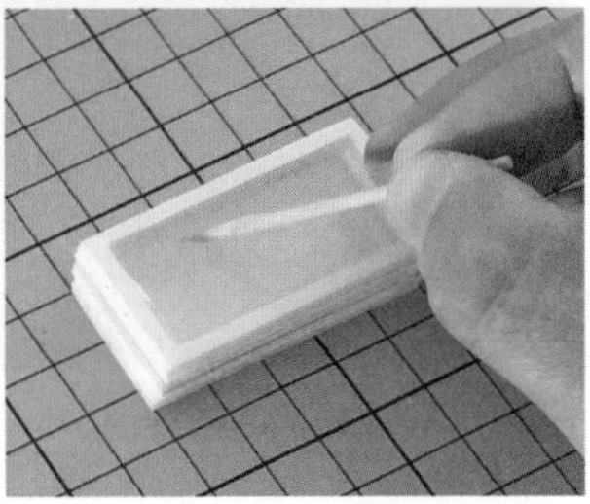

❻胶水倒进去后，需要用牙签顺时针或逆时针从中间向浴缸四角进行搅动，形成肌理。因为胶水干燥后会变形，浴缸角部的胶水可能会变薄，需要格外留意。

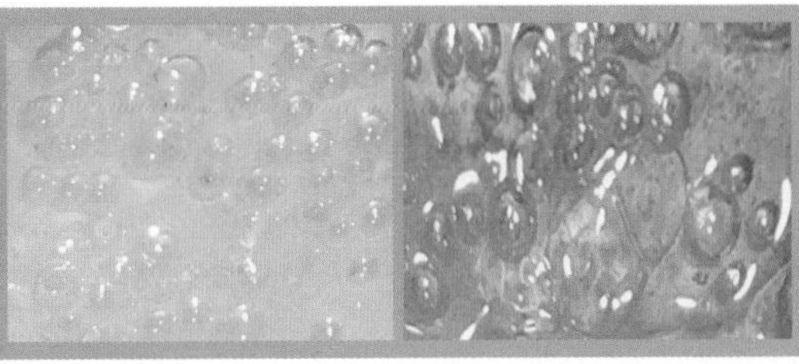

搅动胶水形成气泡的效果/混入颜料，表现加入浴剂的效果

60 半纸制作蕾丝窗帘

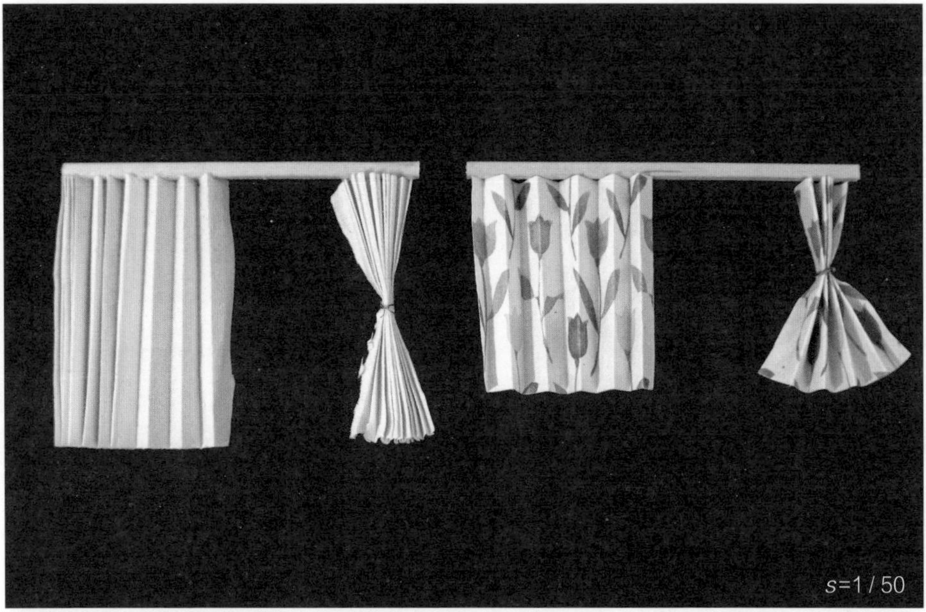

❶ 把厨房用木签裁切成窗框的长短。

❷按照窗帘的纵向长度裁剪半纸。

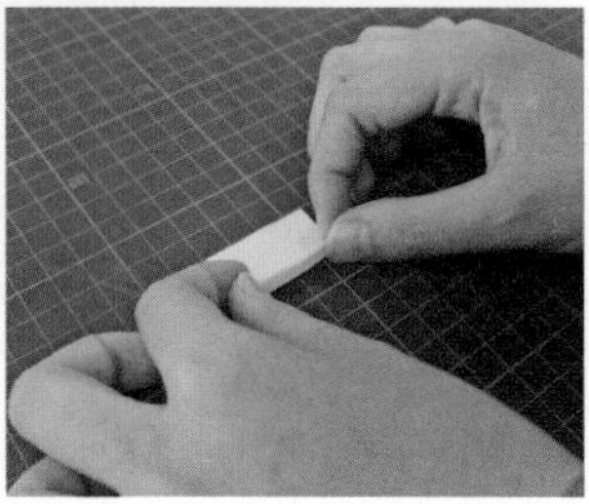

❸ 将第2步裁剪好的半纸折成百褶的形状。

Point

半纸可以实现很好的透光效果，适合用于表现蕾丝窗帘。

不使用半纸，改用带有图案的折纸用纸或包装纸，可以营造不同的房间氛围。

模型制作概况

制作时间：大约10min/难易程度：★★

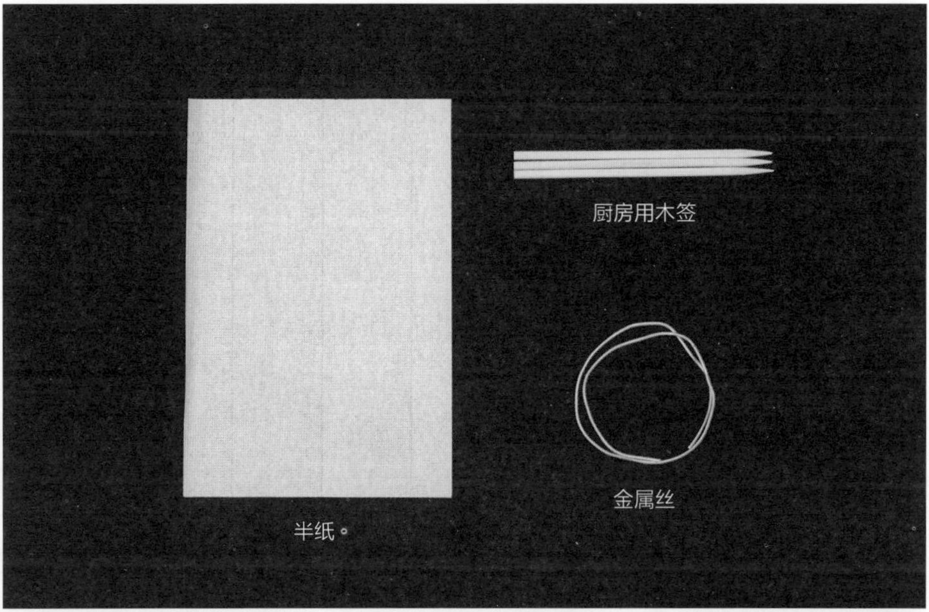

❹ 将窗帘的中间用金属丝捆扎起来。

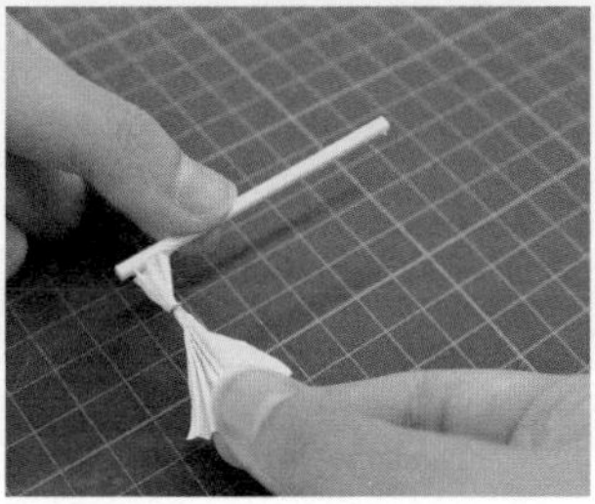

❺ 在第4步制作的窗帘的顶部涂抹胶水，将窗帘粘在第1步制成的窗框上。

❻ 在窗框未粘贴窗帘的一端，粘贴另一半窗帘。这一半窗帘可以选择不捆扎的形式，也可以进行捆扎，保持两边形式相同。

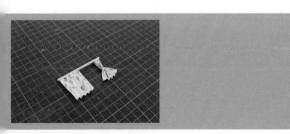

使用有图案的纸制作的窗帘模型

61 折纸用纸制作西装和晾晒衣物

s=1/50

❶彩色折纸用纸有颜色的一面向内，无颜色的一面向外，对折纸张。

❷折线一边朝下，沿着折线画出衣服形状。

❸沿着第2步画出的轮廓线，用剪刀将形状裁剪下来。

有室内装饰的模型自然可以与这类晾晒衣物进行搭配，即使是内部不加装饰的建筑模型，加上这类晾晒的衣物也可以营造浓厚的生活氛围。

制作衣物模型时，如果使用花纹和质感不同的纸和布，或者绘制不同的衣物形状，可以使模型效果看起来更加真实。可以结合模型的整体风格，尝试不同的材料和形式，以更好地烘托氛围。

模型制作概况

制作时间：大约10min/难易程度：★

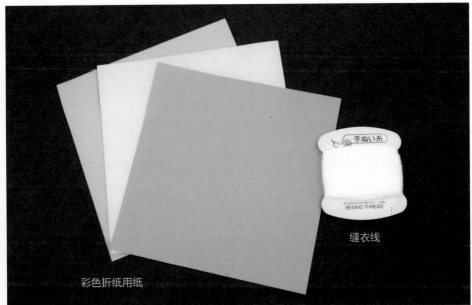

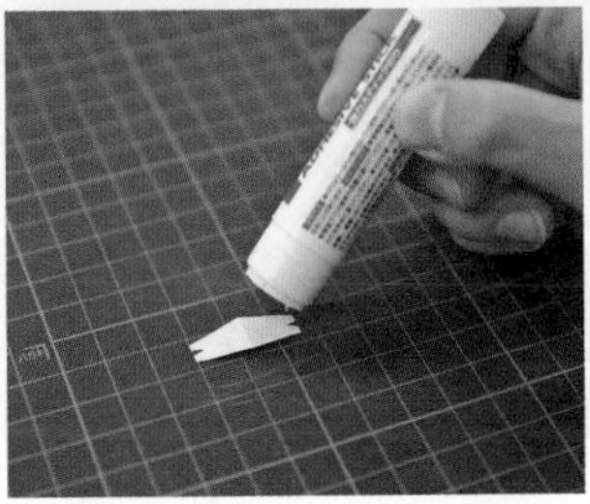

❹将有颜色的面朝下，在无颜色的一面涂上胶水。

❺在第4步制作好的衣服的上部用针扎一个洞。

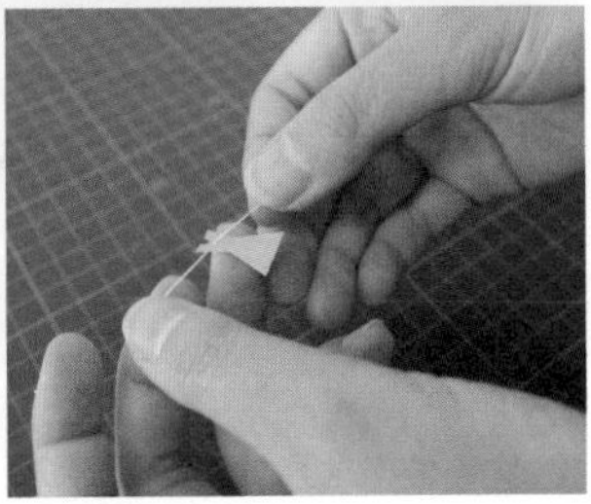

❻把缝衣线穿进洞里。

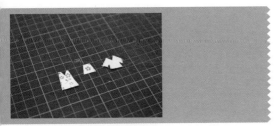

利用有图案的纸制作的西服模型

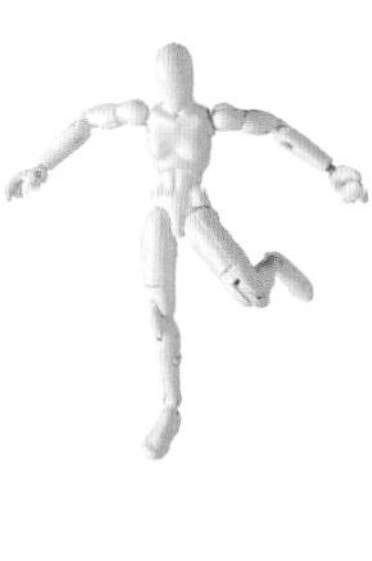

62 餐桌垫制作榻榻米

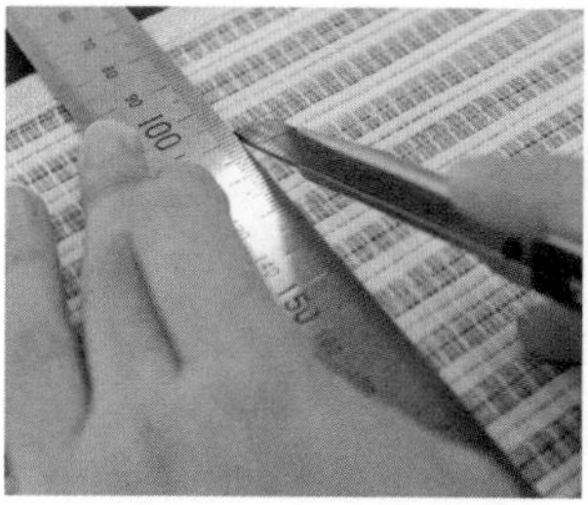

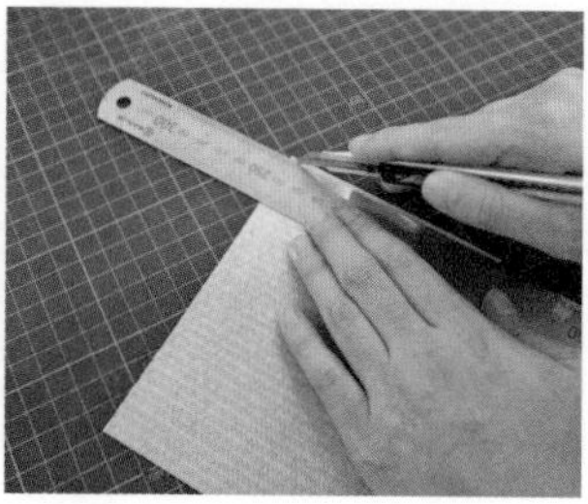

❶ 将竹编桌垫裁切成榻榻米的大小。虽然有不同的榻榻米尺寸，但一般的尺寸是910mm×1820mm，1/30的比例，对应模型尺寸为30mm×60mm。

❷ 在印有榻榻米绿色肌理的打印纸的背面贴上双面胶。

❸ 将纸切成2mm宽的细条。

活用竹编餐桌垫，制作各种建筑模型。

竹编餐桌垫没有制作绿色的封边，立起来时会有类似竹篱笆的效果，用于制作日式风格的入口和玄关等也非常适合。另外，范例中在纸上印刷图案作为表皮的方法可以应用于其他模型。例如可以将石板照片打印在纸张上，用于制作模型的地面。如果想要做得更加考究，

模型制作概况

制作时间：大约5min（一块榻榻米的制作时间）/难易程度：★★

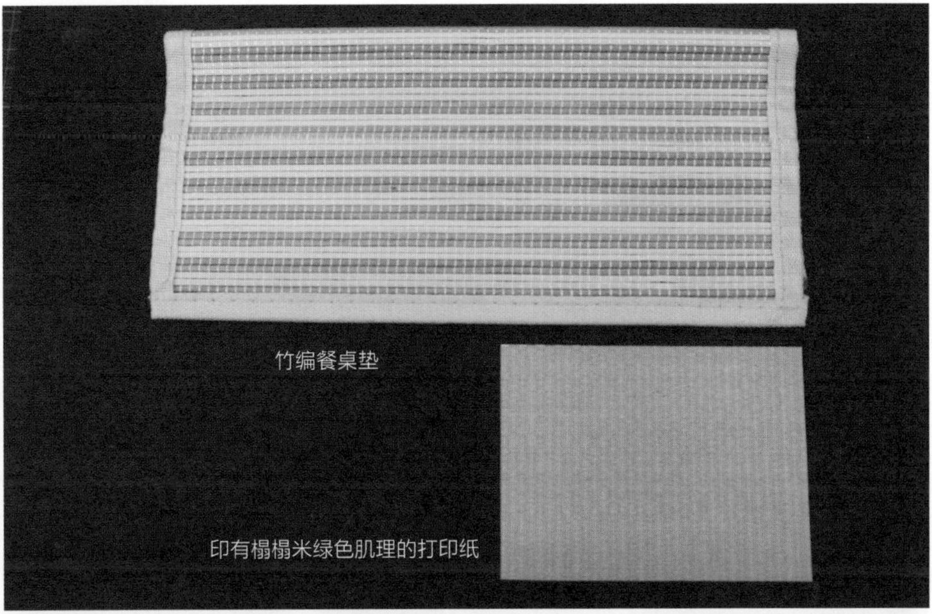

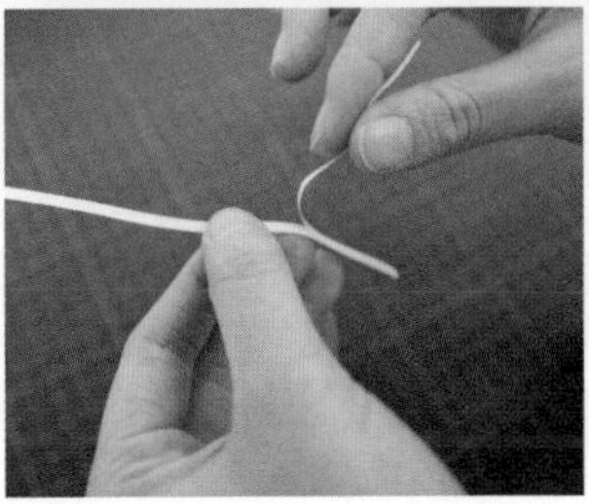

❹将细条背面的双面胶揭下来。

❺在第1步裁切好的餐桌垫的边缘贴上绿色细条。

❻按照上述步骤，制作出几块同样的榻榻米，然后把几个榻榻米组合成需要的大小。范例是4个整块榻榻米围合半块榻榻米的形式。

还可以去画材店寻找带有图案或者肌理的特殊纸张。

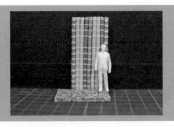

将餐桌垫立起来制作的竹篱笆

63 书包带制作靠垫和坐垫

s=1 / 30

❶ 将书包带裁剪为模型宽度的2倍的长度，这里用剪刀裁剪会更容易。

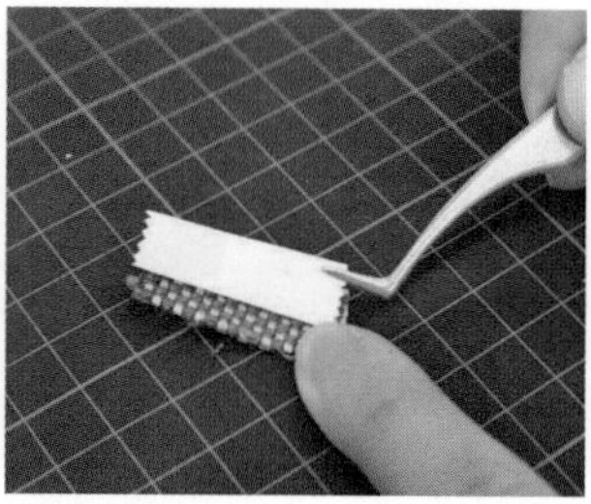

❷ 在裁剪好的书包带上贴上双面胶。

❸ 将书包带对折，黏合在一起，坐垫就制作完成了。

Point

使用质地坚实、有厚度的带子表现多样的室内织物。

只要将这种编织肌理的带了裁剪为适合的形状，就能表现厨房的垫子、客厅的地毯等类似效果的室内织物。另外，如果将带子两侧剪成细碎的流苏肌理，再卷起来，可以直接当作抱枕类的靠垫。

模型制作概况

制作时间：大约15min/难易程度：★★

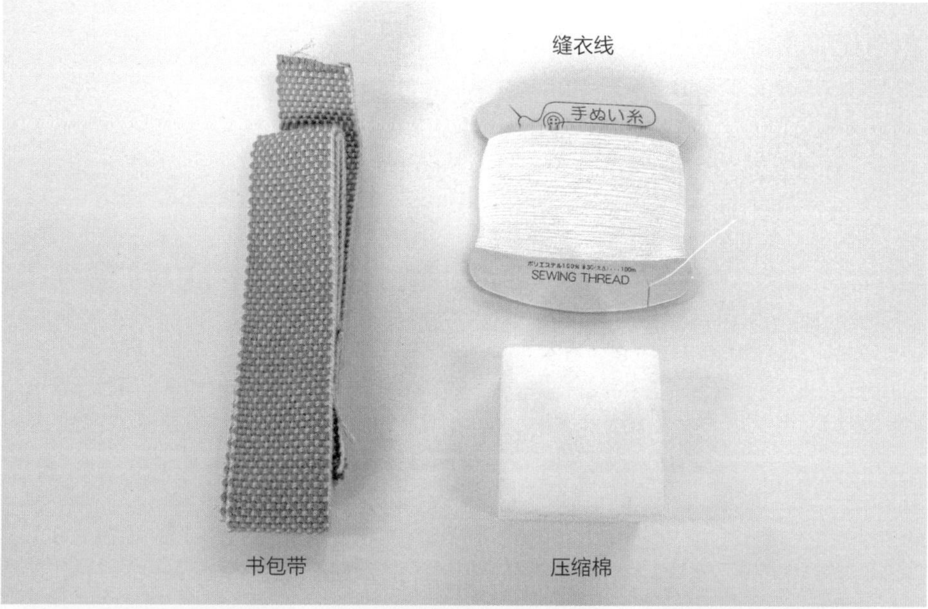

❹接下来制作靠垫。将第1步中裁剪的书包带折叠，在端头处剪出一排5mm左右的口子，表现出流苏的效果。

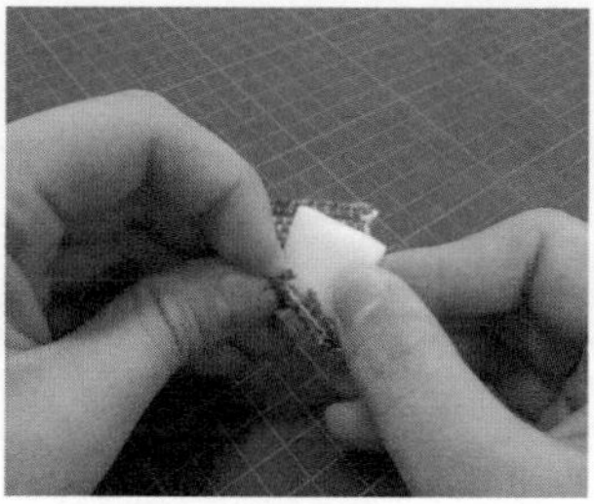

❺往里面填充压缩棉。

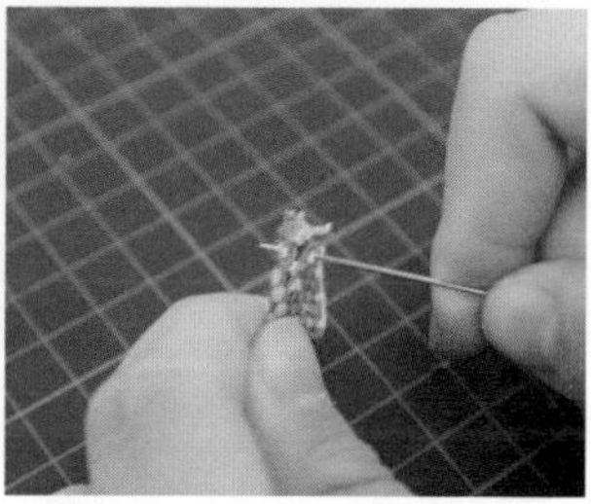

❻将书包带合在一起，开口的边缘缝起来，靠垫就制作完成了。

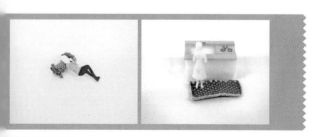

枕头/厨房地垫

64 纸黏土制作帽子

s=1 / 10
（适用于比例比较大的模型）

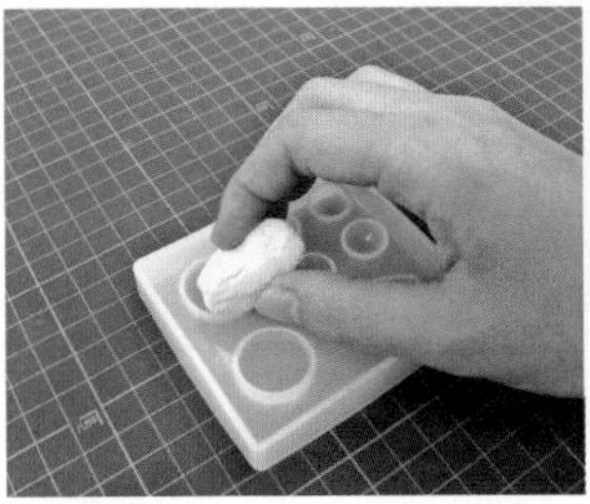

❶ 取稍微多一点的纸黏土装进准备好的模具里。本范例制作的模型比例是1/20。

❷ 把纸黏土完全地压进模具，把凸起的部分摊平作为帽檐。

❸ 将纸黏土从模具中取出，用美工刀切掉不需要的部分，确定帽子的形状。通过改变帽檐的形状，可以做出各种各样的帽子。

Point

利用硅树脂模具和纸黏土做成的帽子。
这种小物件的制作方法非常简单，觉得模型中点缀物不够时可以随时补充。

通过给纸黏土着色或者用笔画出花纹、将丝带系在帽子上等方法，可以做成各种各样的帽子。另外，硅树脂模具的类型非常多样，除了帽子以外，也可以研究一下能制作哪些其他的物品模型。

模型制作概况

制作时间：大约5min/难易程度：★

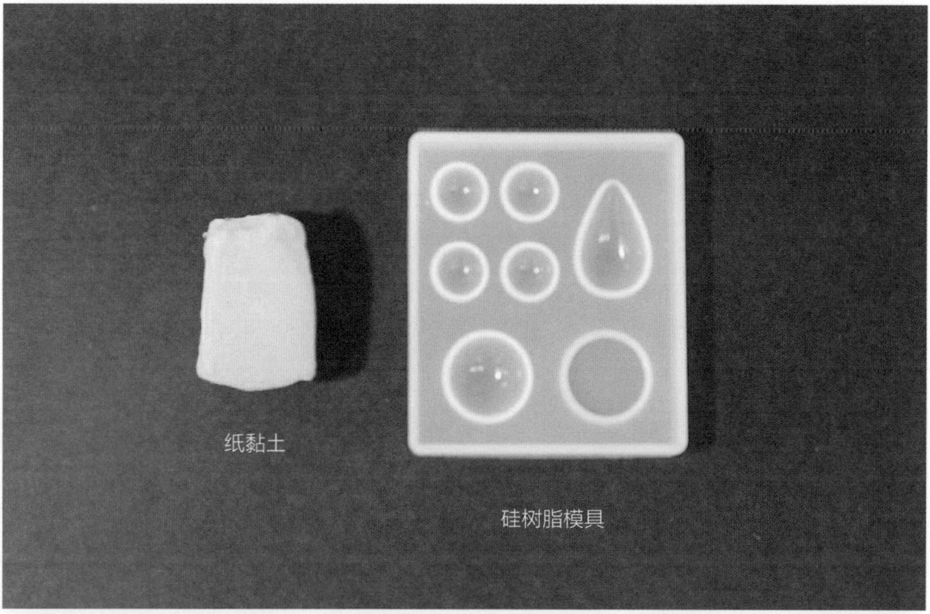

❹太阳帽。适用于农家和乡村场景的模型，通过改变颜色来制作草帽，可以更容易表现务农的氛围。

❺鸭舌帽。如果使用小尺度模具，可以做成儿童用的鸭舌帽，放在玄关等地方，会让人想起在外面玩耍的孩子。

❻无帽檐。可以与自行车模型（178页）搭配使用，看起来就像上学用的儿童安全帽，非常有趣。

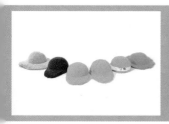

65 金属丝制作金属衣架

❶ 制作1/50比例的衣架，裁切约10cm长度的金属丝。

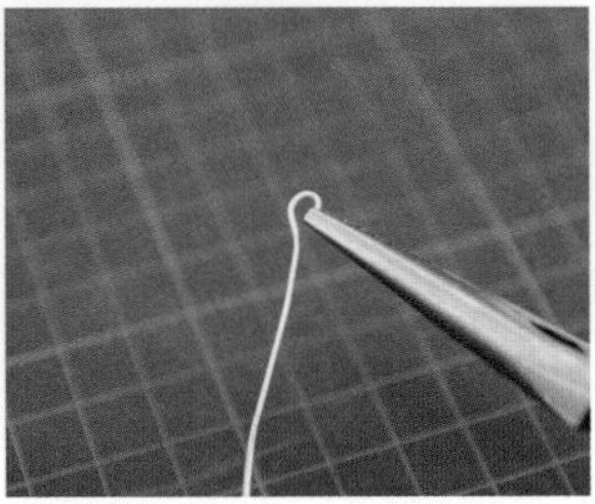

❷ 用钳子把裁切下来的金属丝弯曲，做成衣架钩子的部分。

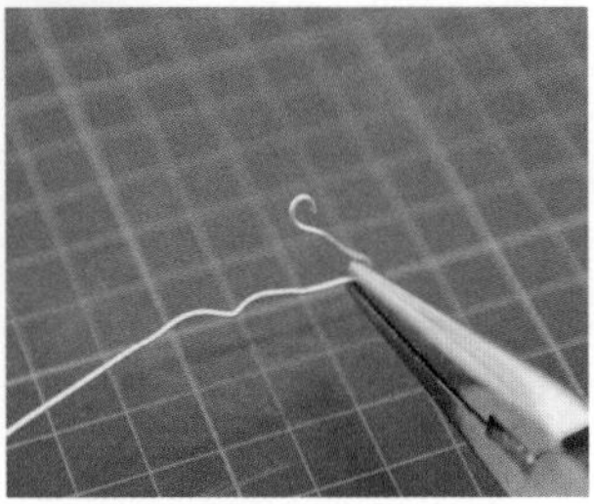

❸ 再把剩下的铁丝弯曲，做成衣架悬挂衣服的部分。

Point

用金属丝制作模型，虽然有一定的难度，但是是适用性很高的模型制作方法，所以一定要掌握。

使用首饰配件9形固定针为原材料，加上着色会有更真实的模型效果。另外，还可以利用金属丝制作“自行车”模型（178页）。

模型制作概况

制作时间：大约10min/难易程度：★★★

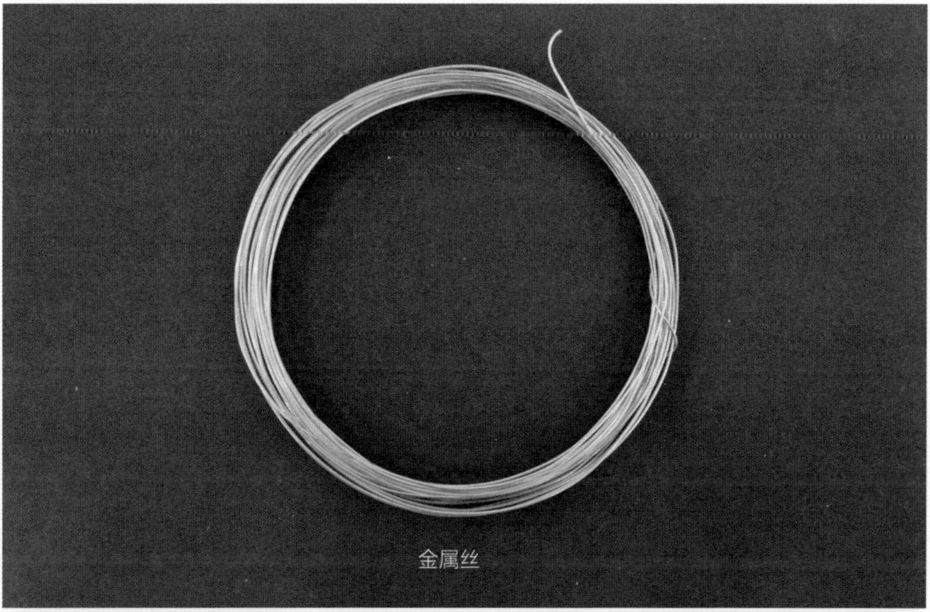

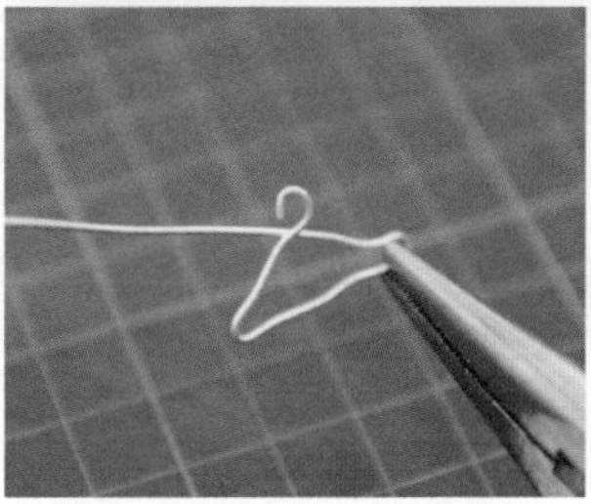

❹另一边也同样用钳子弯曲。

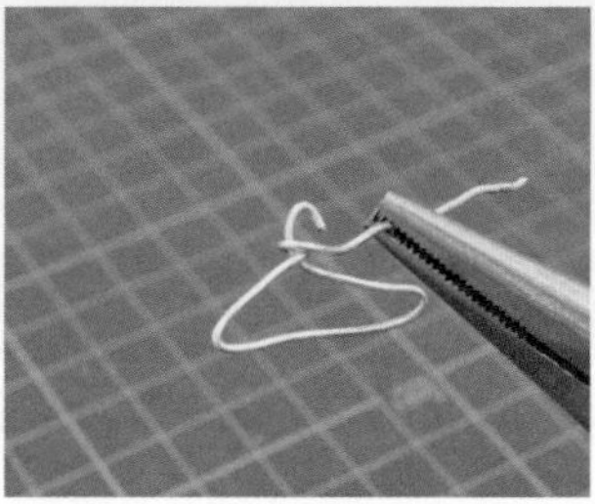

❺把剩余的金属丝缠在钩子和悬挂结构交接的部分。

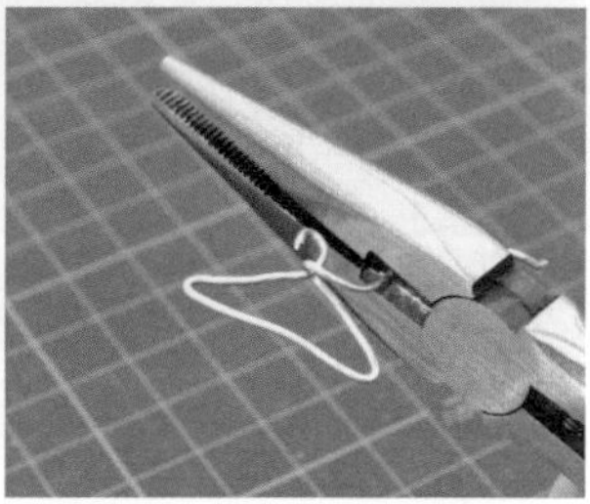

❻用钳子剪除多余的金属丝。

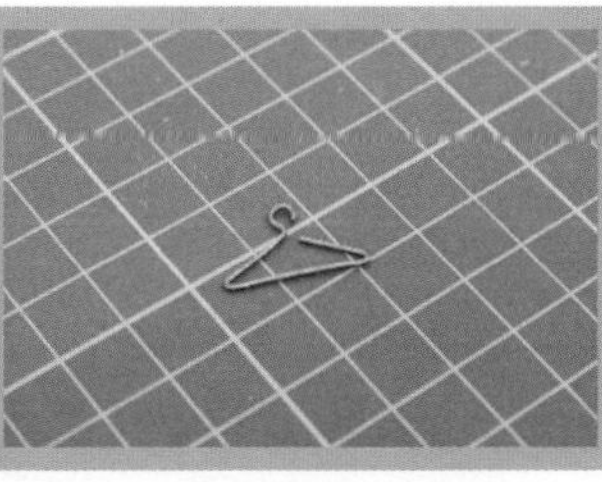

用9形固定针制作的衣架

66 9形固定针制作闭合的雨伞

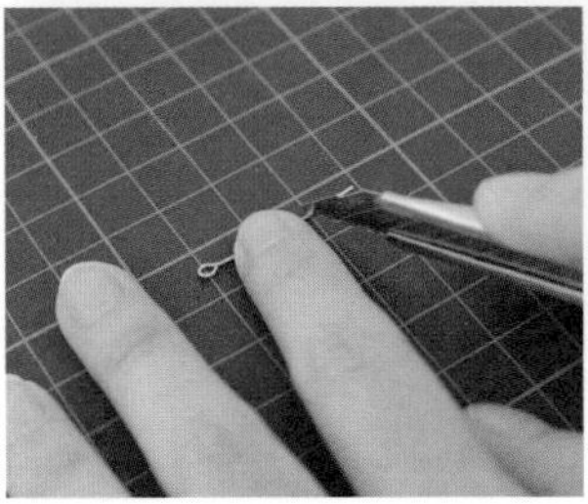

❶将9形固定针裁剪成适合模型比例的雨伞的长度。

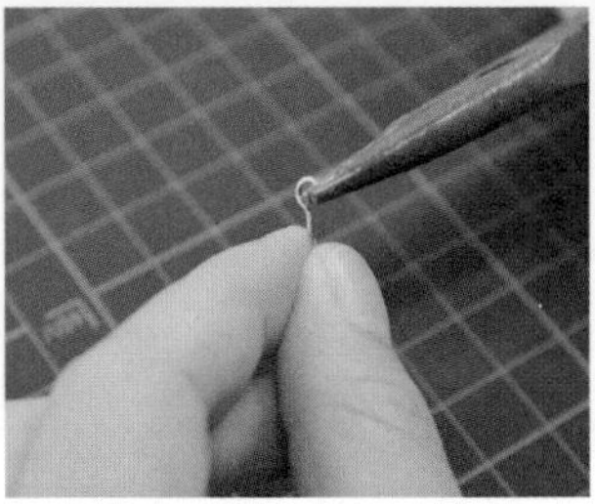

❷端头的圆形部分作为提手，需要用钳子适当地展开一点。

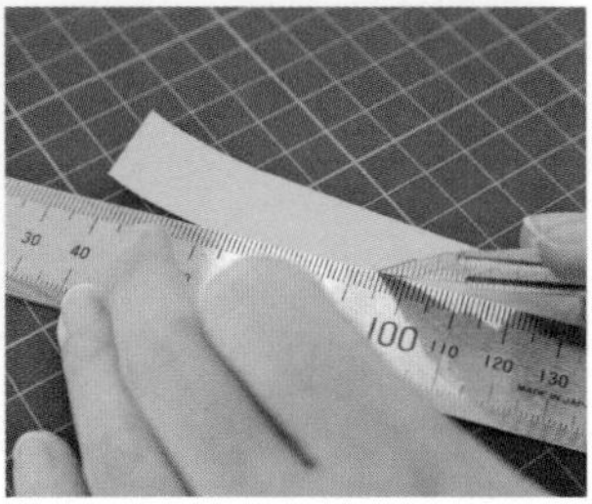

❸将彩色折纸用纸裁剪成条状。

Point

彩色折纸用纸卷在9形固定针上就能做成雨伞模型。将雨伞模型放在玄关或设施的入口处可以表现出居住者和使用者的痕迹。

将彩色折纸用纸斜向扭转形成雨伞的纹理，同时能起到定型的作用。如果扭转起来后容易散开，可以用胶水进行固定。彩色折纸用纸也可以用广告传单等纸张代替。

模型制作概况

制作时间：大约5min/难易程度：★★

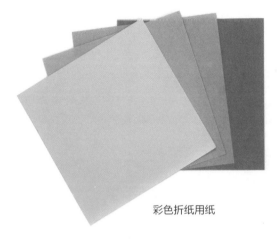

彩色折纸用纸

9形固定针

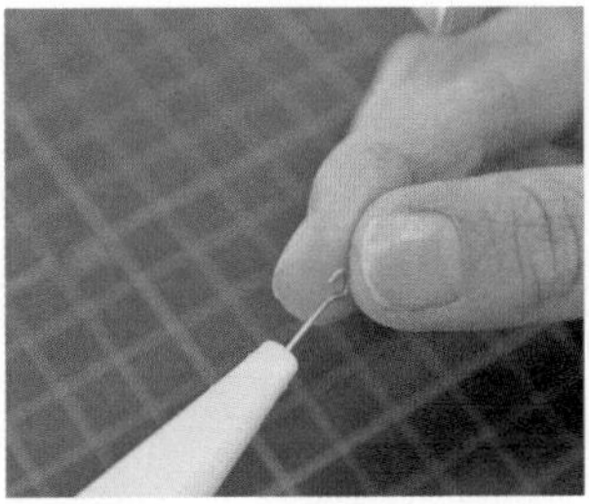

❹在9形固定针的前端涂上胶水。

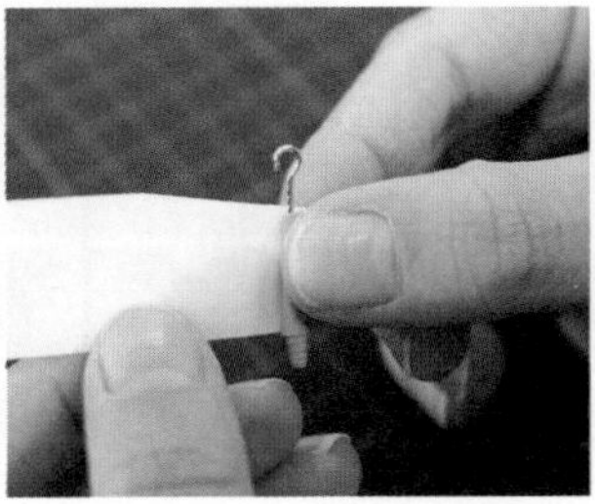

❺把剪好的彩色折纸用纸卷在铁丝上。

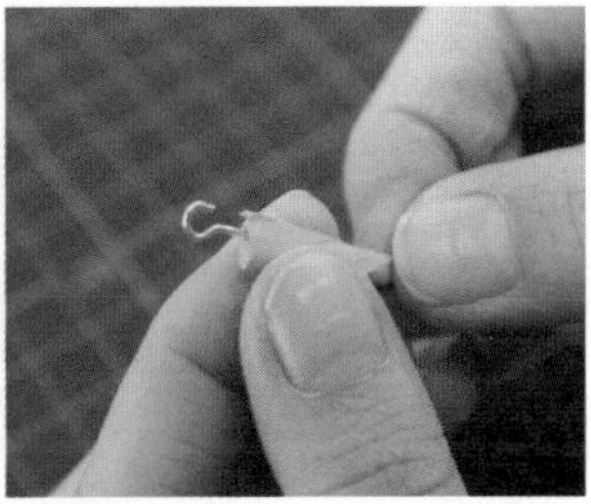

❻最后对卷好的纸片端头进行粘贴固定。

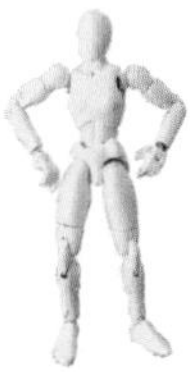

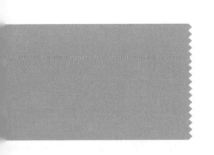

67 子母扣制作锅碗瓢盆

s=1 / 50

❶用钳子加工子母扣的子扣部分的外边缘，使其尽量平整。

❷将牙签柄从第一个凹陷处切开。

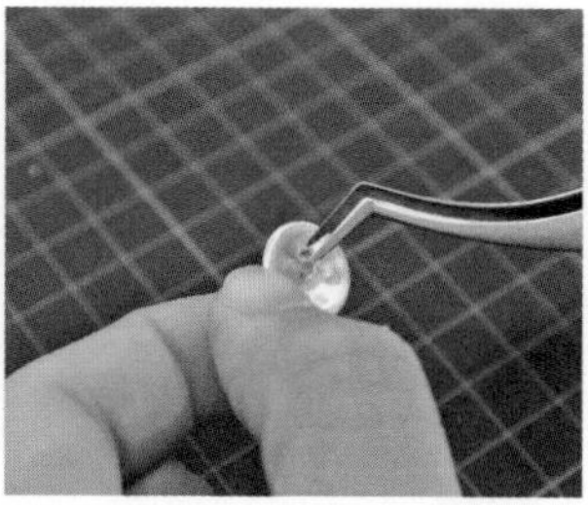

❸将切下来的牙签端头粘贴在第1步做好的纽扣构件上，锅盖就做好了。

Point

子母扣的母扣部分制作锅身，子扣部分制作锅盖。

省略第5步，不加锅身把手，也可以作为平底锅模型。在进行模型点缀物制作的时候，增加锅具这类模型，整体表现的丰富程度会进一步提升。如果制作平底锅，建议也一起制作其他类型的锅具。另外，子母扣有多种尺寸，在符合模型比例的范围内，增加几种大小不同的锅具可以避免场景单调。

制作时间：大约5min/难易程度：★★

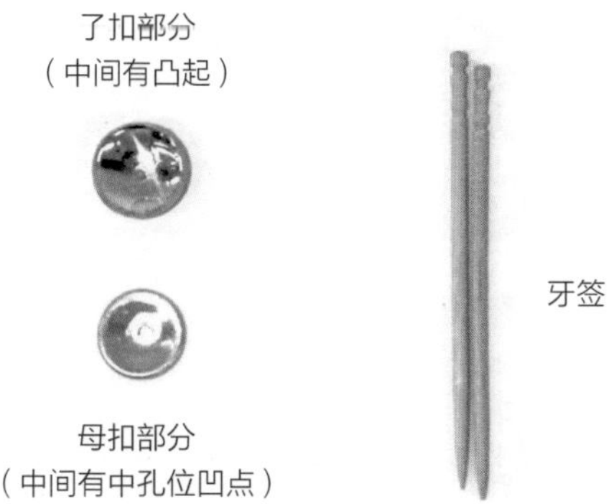

子母扣

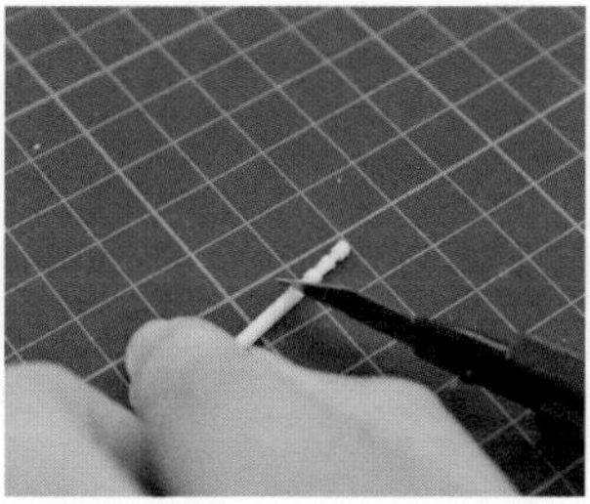

❹将第2步中剩下的牙签柄部分裁切下来。

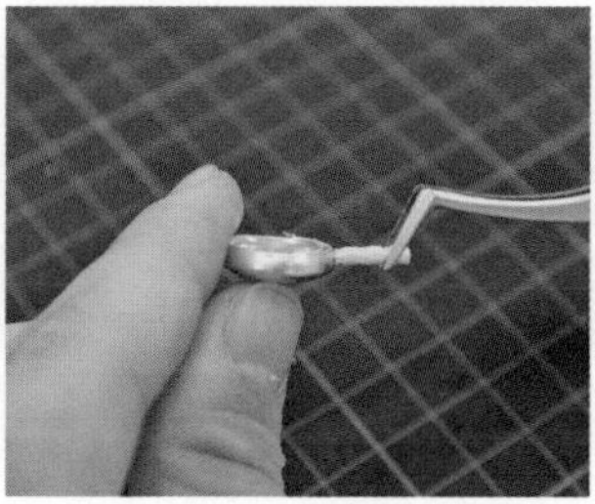

❺在子母扣的母扣部分的边缘粘上第4步中切下的牙签柄，就变成了平底锅锅身部分。

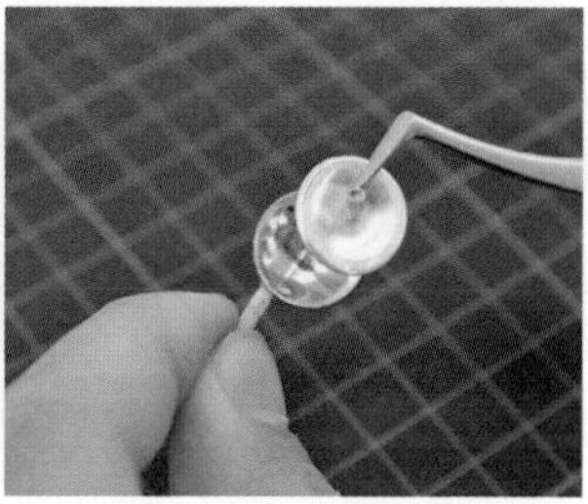

❻将锅盖和锅身组合在一起，带盖平底锅的模型就完成了。因为制作了手柄和锅盖把手，锅盖和锅身可以十分方便地开合。

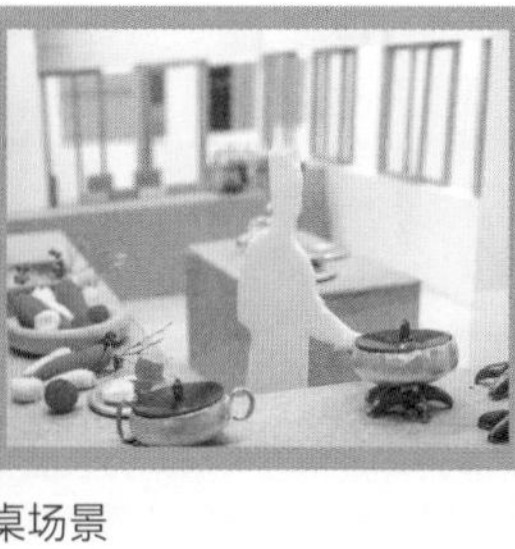

利用锅具模型丰富厨房和餐桌场景

68 纽扣制作餐盘

❶只需要把物品的模型放在纽扣上就能简单直接地表现模型效果。

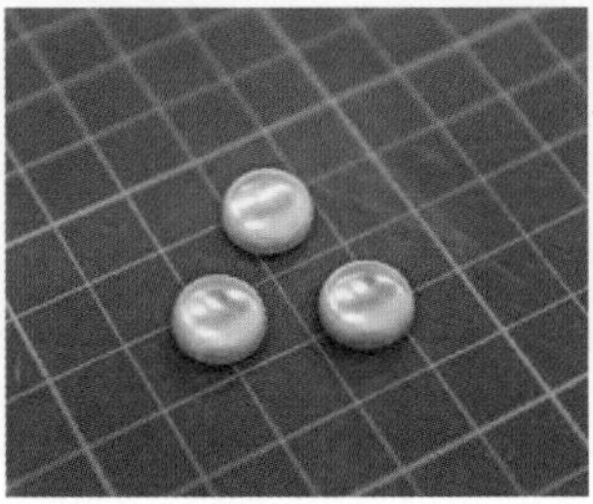

❷小型子母扣的母扣，大小基本符合1/50的模型比例。

❸中型大小的子母扣的母扣大约符合1/30的模型比例。

Point

只要把物品放在按钮上，就能打造盘子等器皿的模型效果。

把食材模型放在各种各样的按钮上，就能呈现出十分真实的餐桌效果。另外，如果放在130页的架子上，就可以形成餐具架，使厨房充满活力。

模型制作概况

制作时间：大约5min/难易程度：★

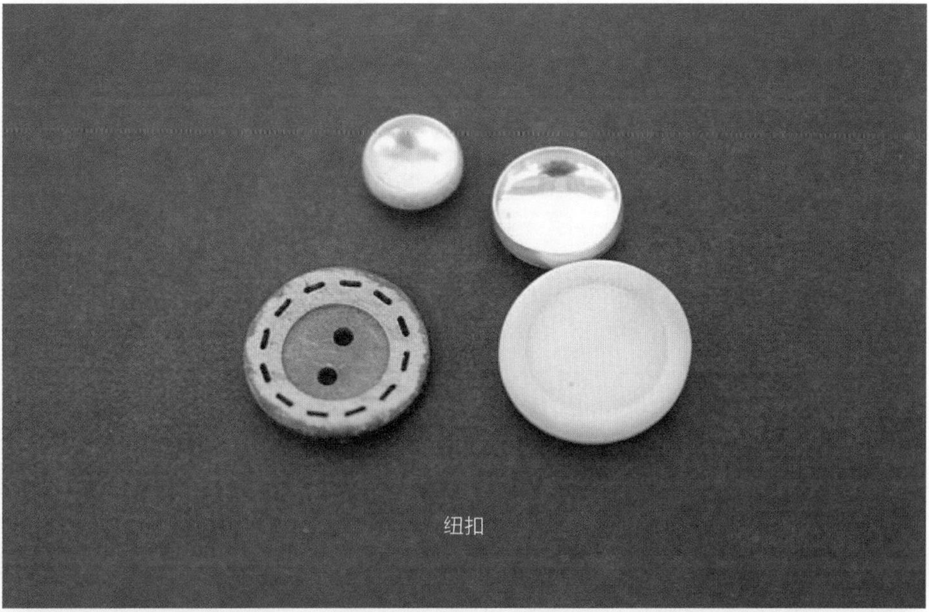

❹用锤子将子母扣的边缘敲平整，就能成为平的器皿。

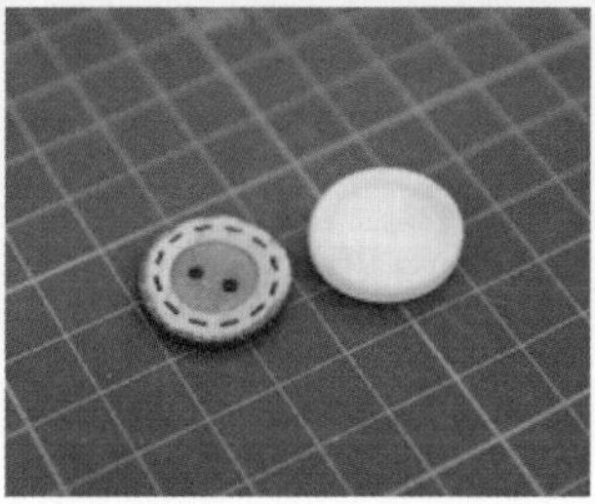

❺木制的纽扣可以打造不同的质感和风格。

❻放上鲜艳的食材（制作方法见156页）就会具有很好的视觉效果。

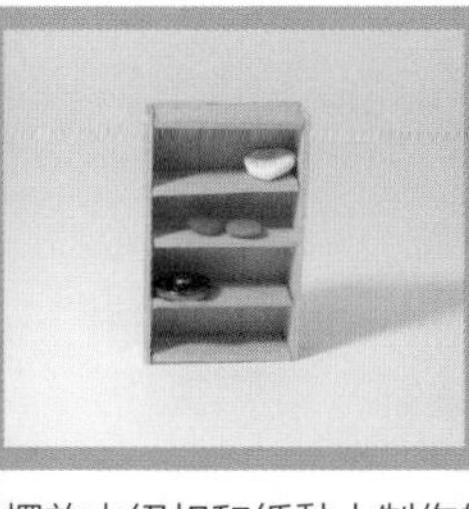

摆放由纽扣和纸黏土制作的餐盘的餐具柜

69 纸黏土和满天星制作蔬菜组合

s=1/50

❶把纸黏土揉成各种蔬菜的形状。

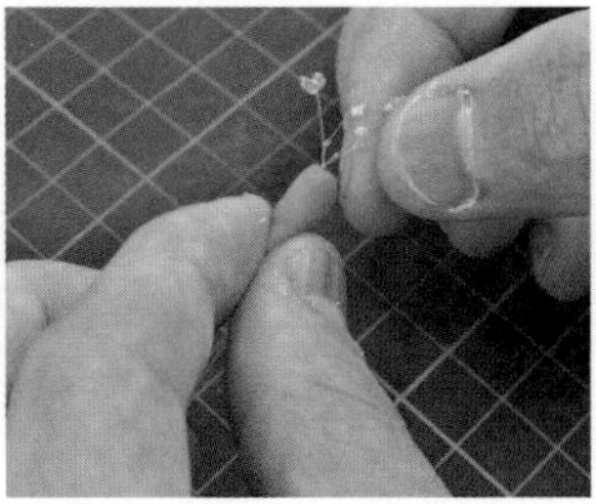

❷将满天星干花当作蔬菜的叶子，粘在第1步做出的蔬菜上。如果插入纸黏土中，则不需要使用胶水等黏合剂。

❸利用上述方法制作出各种各样的蔬菜模型。

Point

此种方法最适合表现农村房檐上的柿饼和田地。

在白色的纸黏土上用颜料进行着色，就能制作出各种各样的蔬菜模型。

模型制作概况

制作时间：大约5min/难易程度：★★

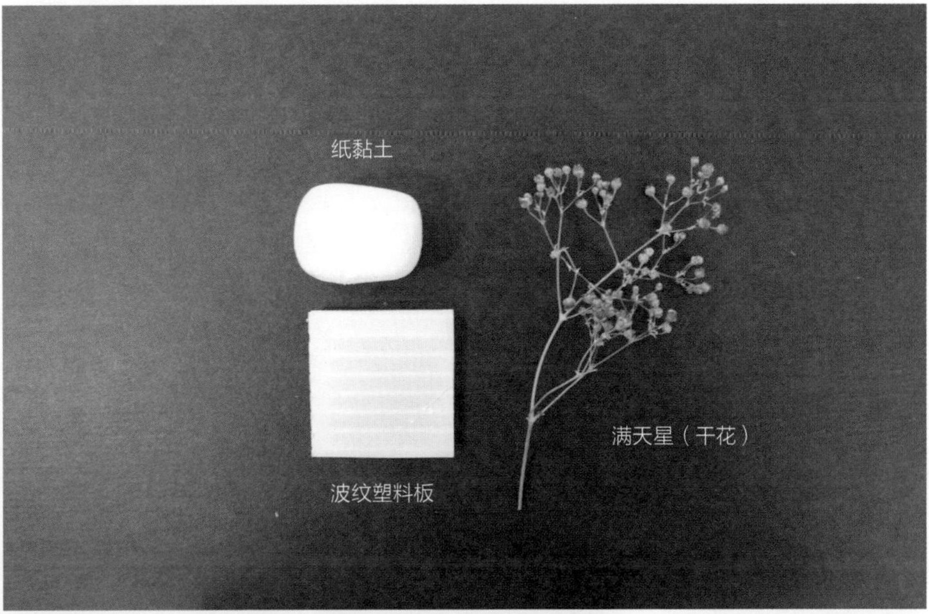

❹裁切波纹塑料板，做成装蔬菜的箱形容器。

❺将蔬菜放入容器中，完成模型制作。

❻将制作的纸黏土串在粗线上表现成串的柿子，也很有趣。

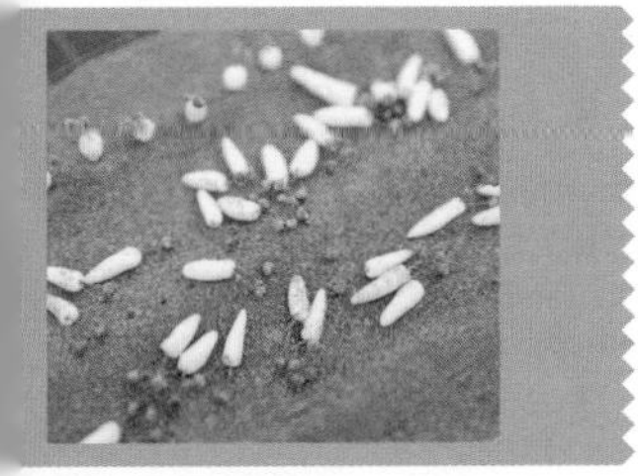

农田的表现效果

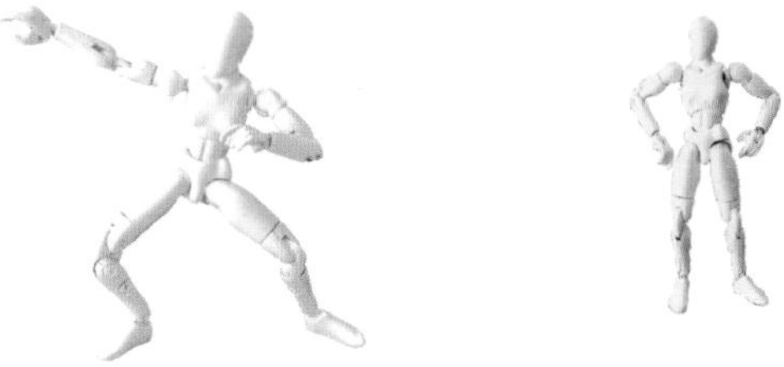

70 塑料配件制作金鱼缸

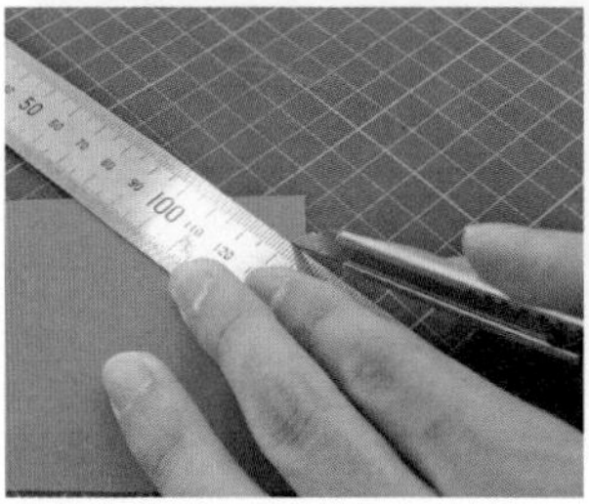

❶把彩色折纸用纸切成小碎片，当作水中的游鱼。

❷将仿真苔藓切成小块。

❸将仿真苔藓放入塑料配件中，当作水草。

使用首饰等物品的塑料配件制作金鱼缸等水槽模型。
根据折纸用纸的不同颜色，可以实现多种多样的模型效果。

由于塑料配件有大小的区别以及球形、方形等不同形状，因此可以做成各种各样的水槽。另外，如果容器内装的东西超出塑料配件的大小，也可以制作出玻璃花瓶的模型效果。

模型制作概况

制作时间：大约10min/难易程度：★★

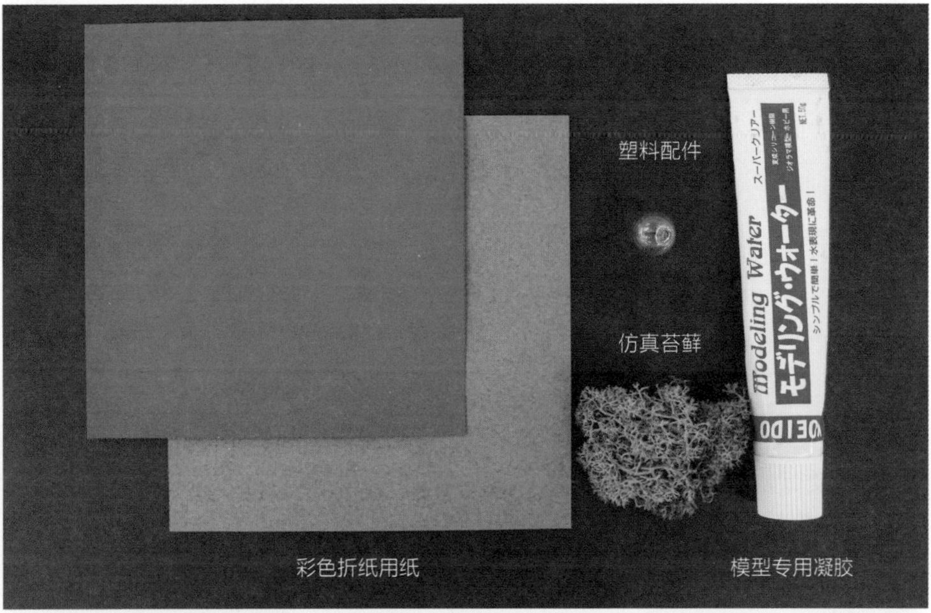

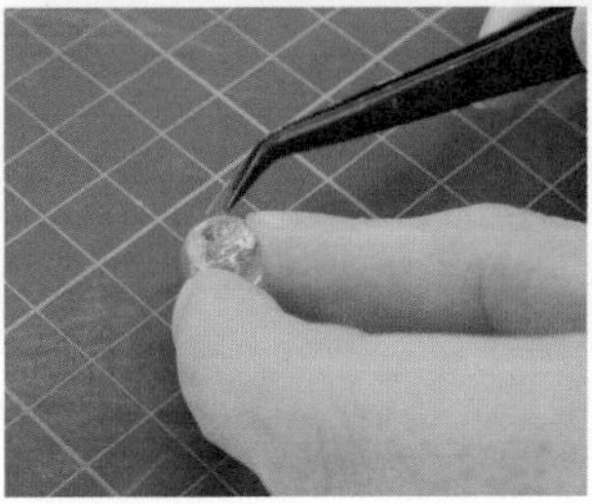

❹将第 1 步做好的游鱼模型放进塑料配件中。

❺最后向塑料配件中注入模型专用凝胶。

❻完成金鱼缸模型的制作。

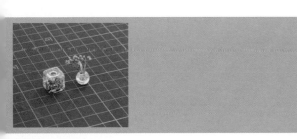

花瓶的表现效果

71 牛皮纸胶带制作包裹

s=1/50

❶把聚苯乙烯泡沫切成制作包裹所需的形状。

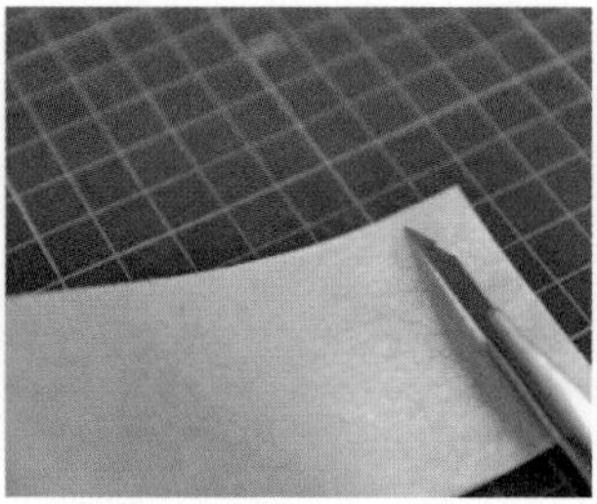

❷按照第1步裁切出的泡沫块的宽度来裁剪牛皮纸胶带。

❸用第2步剪出的牛皮纸胶带将第1步的泡沫块包裹住。

Point

此种方法适合用于表现增加生活感的小物件。

第4步中将弹力胶带切细刻画线节是本范例的关键，除此之外非常简单，因为聚苯乙烯泡沫切割起来非常容易，不需要复杂的技巧。包裹上加上发货单等票据，则可以使模型更加真实。

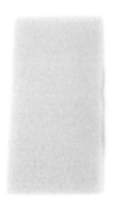

模型制作概况

制作时间：大约5min/难易程度：★★

聚苯乙烯泡沫

牛皮纸胶带

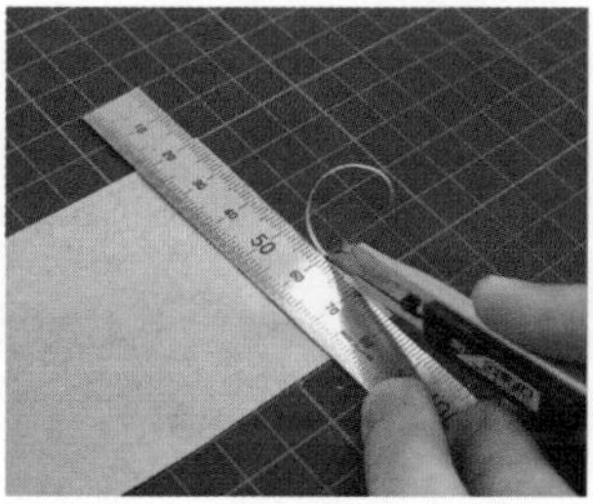

❹将牛皮纸胶带裁成1~2mm宽的细条。

❺沿着泡沫块的中心位置贴上胶带细条。

❻将剪成小块的纸贴上去，当作包裹上的票据，使模型效果更加真实。

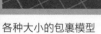

各种大小的包裹模型

72 金属丝+塑料薄片制作床头落地灯

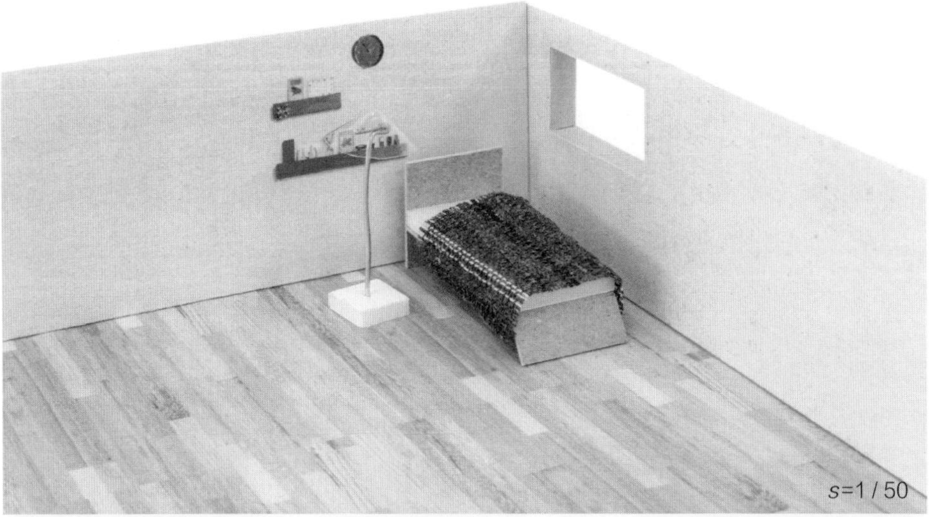

❶用雪弗板裁切基础底板。1/50比例的板材尺寸为10mm×10mm。

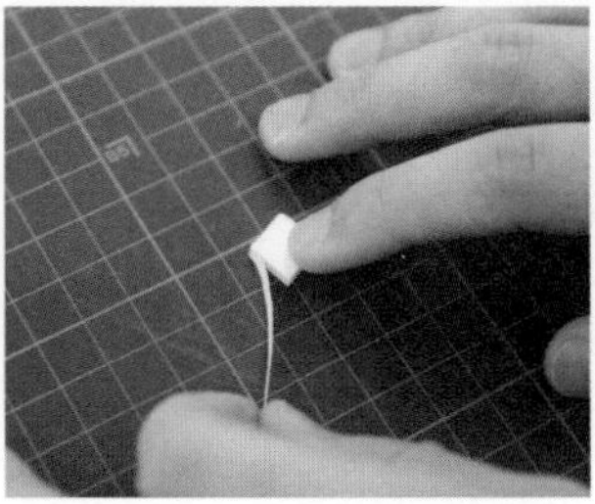

❷用纸带将模型外侧边缘的切面包裹起来，并把切口整理整齐。

❸将金属丝切成30mm长度，用钳子将其中一端折成T字形，另一端插在基础底板上。

用塑料薄片代替加工起来比较困难的塑料板，制成落地灯提升起居室和卧室的生活氛围感。

在T字形金属丝上粘贴玻璃珠，模拟灯泡的效果，可以进一步提升模型的真实感。

模型制作概况

制作时间：大约5min/难易程度：★★

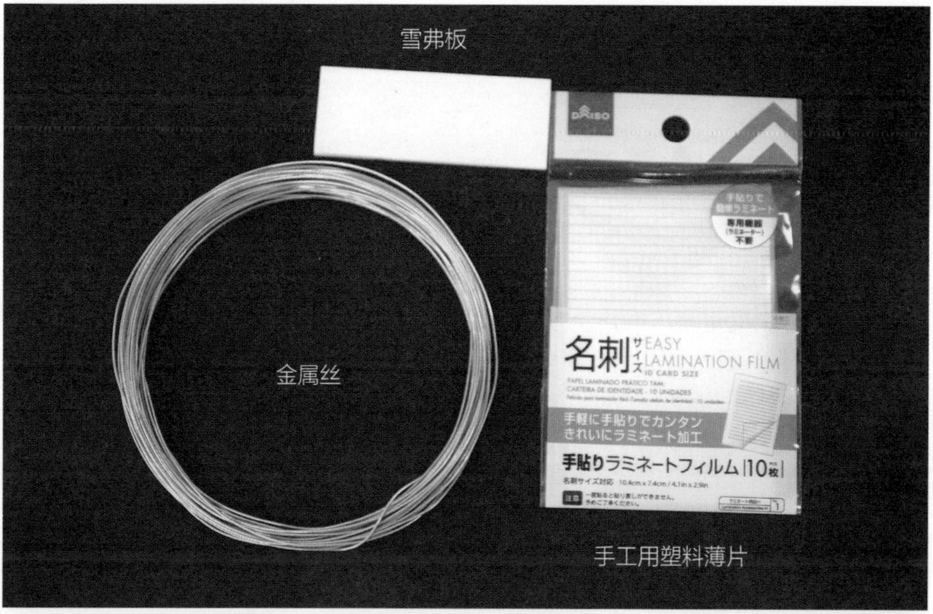

❹用手绘的方法在塑料薄片的表面画出灯罩展开为平面的形状，并标记重叠的部分，注意裁剪时不要留下线的痕迹。

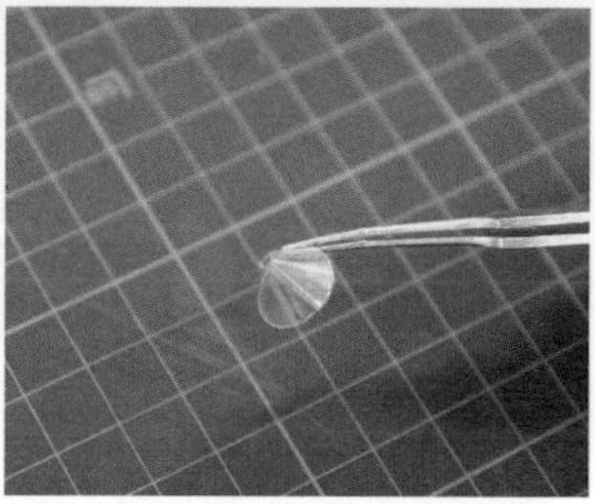

❺剪开一条重叠线，将重叠部分的胶面揭开。因为内侧有胶水，所以可以直接卷起来做成灯罩。

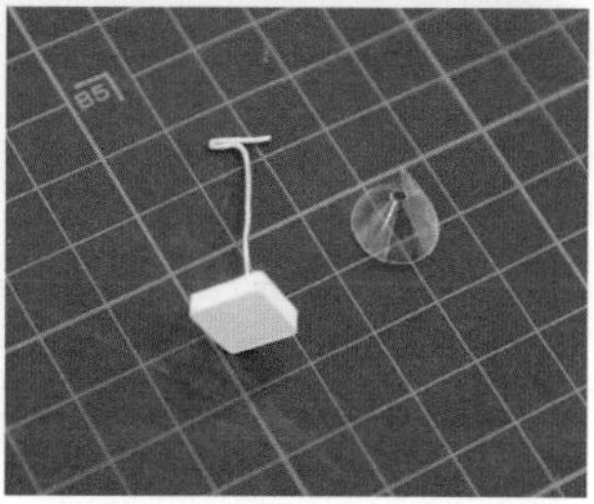

❻将灯罩与插在底板上的T字形金属丝组合在一起，完成床头落地灯的模型制作。

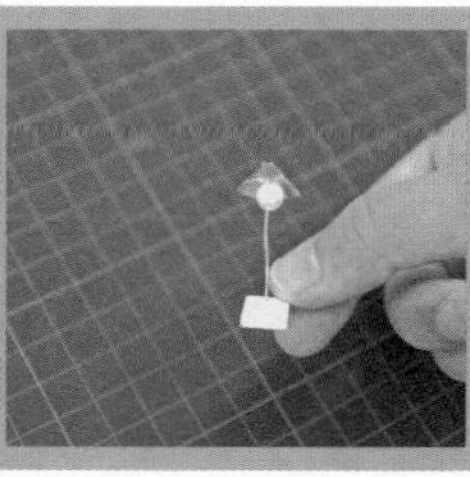

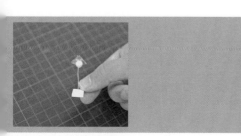

用玻璃珠制作电灯泡的床头落地灯模型效果

73 用LED灯珠表现发光的筒灯

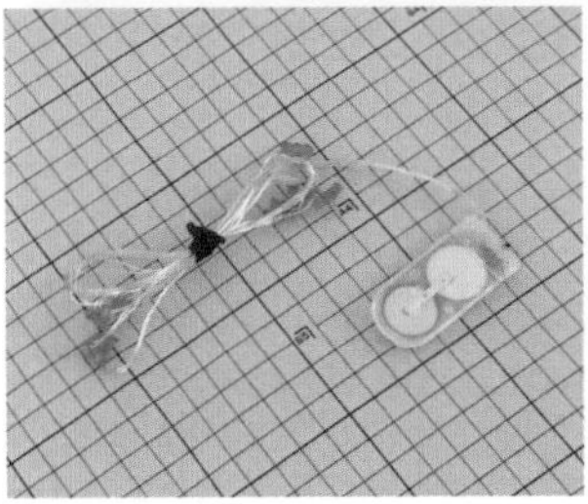

❶ 首先准备LED灯珠。此处范例使用的是圣诞节LED灯。

❷ 在制作天花板的雪弗板上用皮革打孔器加工几个圆形的孔。

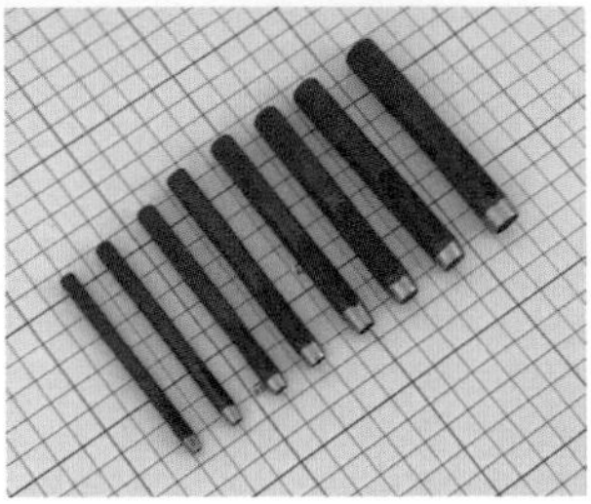

❸ 打孔器有很多尺寸和种类，要根据模型比例选择尺寸相匹配的。

便宜、易购的LED灯珠用于制作模型非常合适。

揭除雪弗板表面覆盖的纸片，板材的透光情况就会发生变化。即使不对板材进行打孔处理，也可以揭除雪弗板两面的纸，然后在其中一面粘贴较厚的纸张、防止透光，以表现室内照明。模型制作中也可以不使用螺丝垫圈，而是用适合比例的打孔器来加工不易透光的纸，自行

模型制作概况

制作时间：大约30min/难易程度：★★★

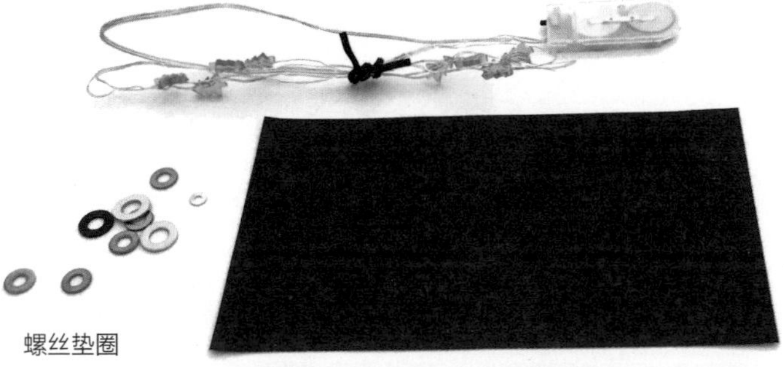

❹天花板的表面贴上黑色卡纸或者其他的厚纸张，以防止光线外泄。在需要照明透光的部分同样用打孔器进行打孔。

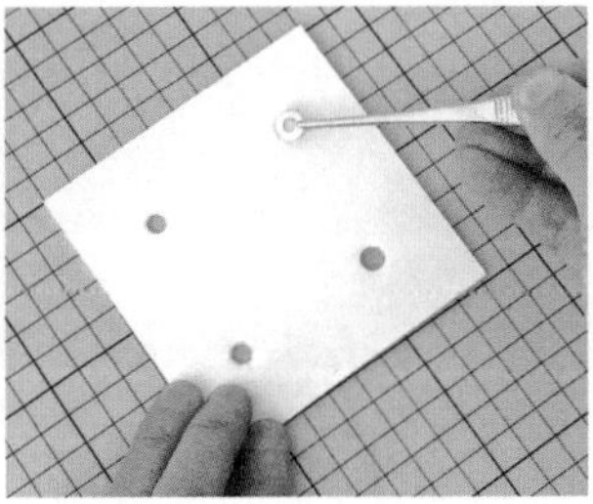

❺在天花板一侧安装螺丝垫圈作为照明的器具，选择的垫圈要符合模型的比例。

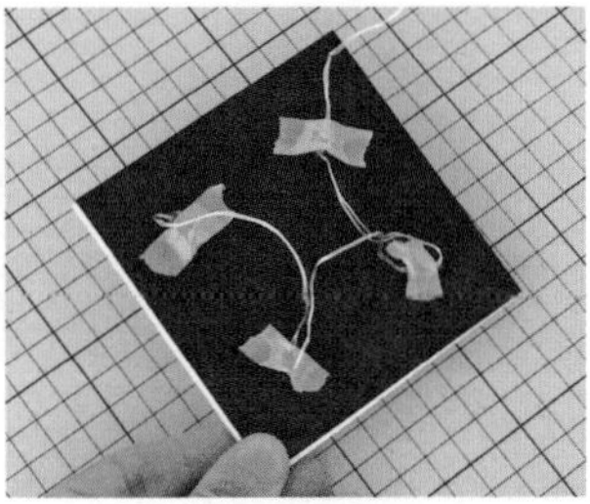

❻将LED灯固定在孔的中央，可以用胶带等材料进行粘贴固定。

制作垫圈。LED灯珠多种多样，可以多尝试不同的选择。

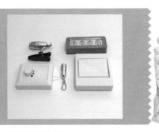

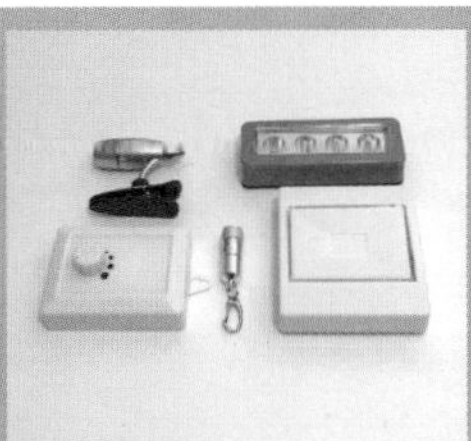

各种LED灯

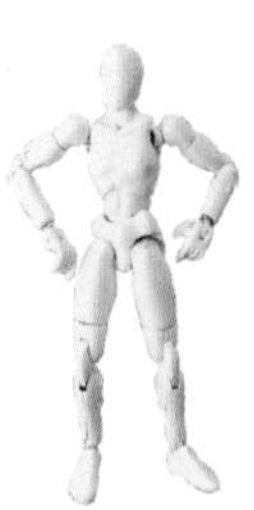

74 雪弗板制作人物模型

❶在纸张上打印上人物的剪影图片。在网上搜索，就可以找到很多可以免费获取的人物剪影图像。

❷将人物剪影的纸张贴在雪弗板上。

❸按照人物剪影的轮廓裁切雪弗板。

这是最为基本的模型配景制作方法。
给模型绘制服装更容易传达出具体的场景氛围。

雪弗板主要有1mm、2mm、3mm、5mm、7mm等不同的厚度种类。厚度越厚，越容易竖在平面上，但板材越厚，细部的裁切也会变得困难，所以制作人物配景的雪弗板厚度一般

模型制作概况

制作时间：大约10min/难易程度：★

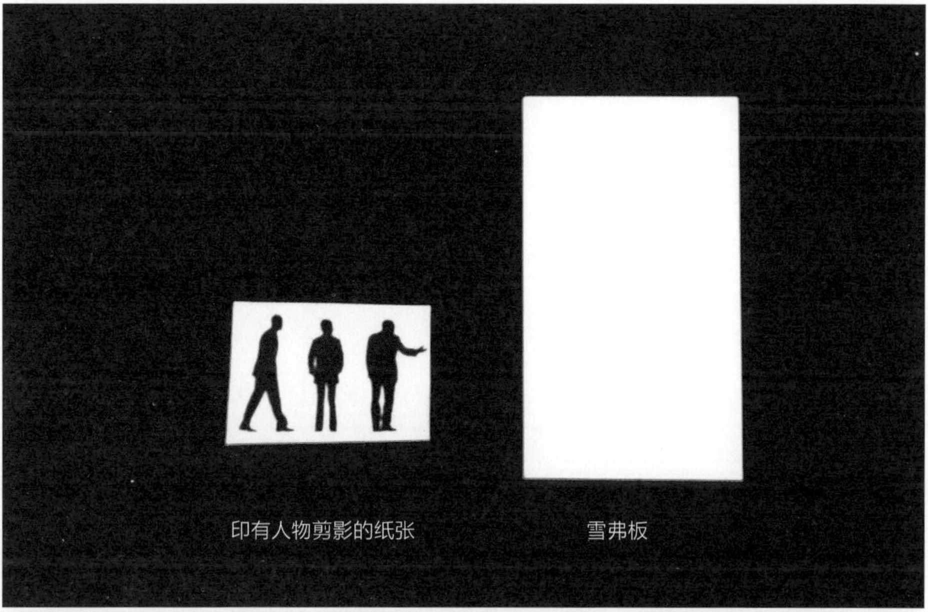

❹ 人物配景也可以附上伞、扫帚等小物件作为补充。

❺ 除了人以外，狗、猫等也小动物也可以作为模型的配景素材。

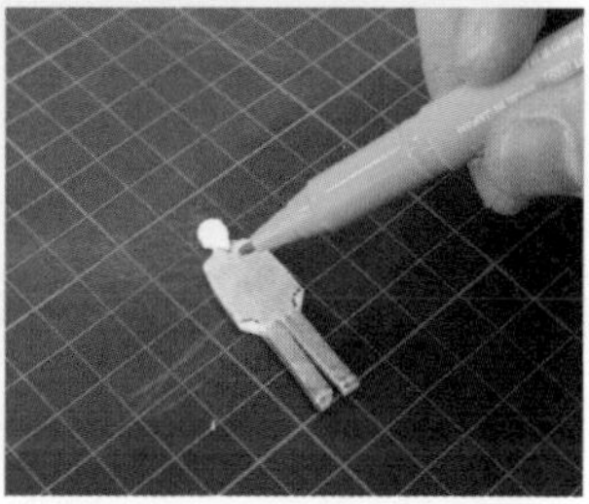

❻ 在剪下来的雪弗板人物配景上画上适合的服装等，并进行着色，会显得更有活力。

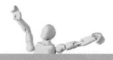

选择5mm左右。相反，雪弗板越薄越容易弯曲，所以如果需要制作曲面墙体，一般选择2mm以下厚度的板材。

75 动作形态各异的人物模型

s=1 / 50

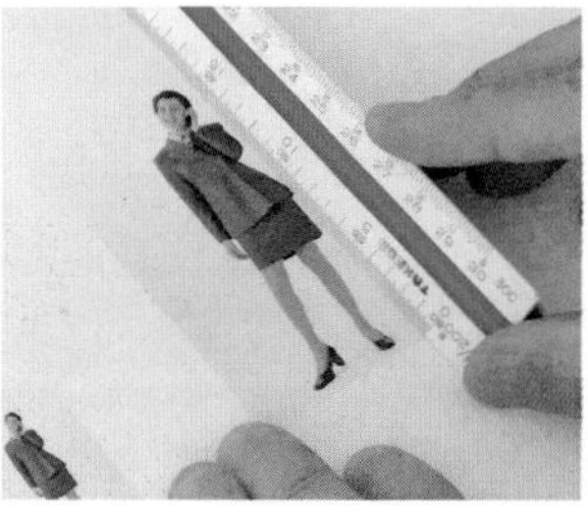

❶将免费素材的人物图片或者自己画的人物图片按照模型所需比例缩印在纸上。

❷盖上硫酸纸片或OHP投影片，用油性笔对人物素材进行拓描。拓描时也可以根据自己的需要调整。

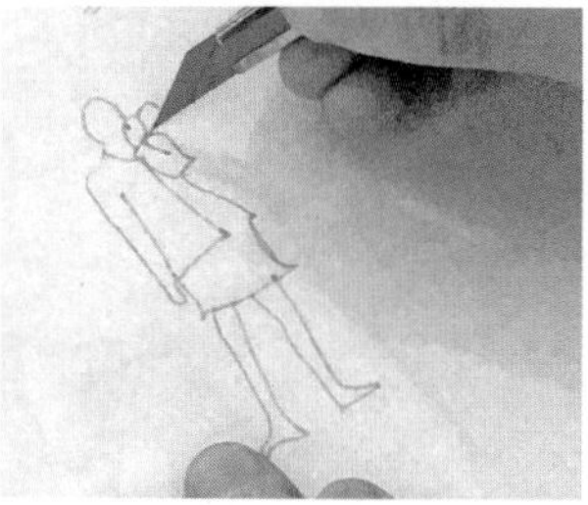

❸可以在人物图像内部留出少量空白，用刀切出镂空。

轻快的动作和透明的感觉不会对模型的表达产生干扰及影响。

图片文件可以在Photoshop等软件中缩放大小，批量印刷在OHP投影片上，而从快速制作多个配景。因为OHP印刷纸是透明的，在某些场景背景中，会很难被看到，用砂纸摩擦材料背面，能使人物配景的轮廓变得比较明显。也可以制作连续的几个姿势来表达人物动作。

模型制作概况

制作时间：大约15min/难易程度：★★

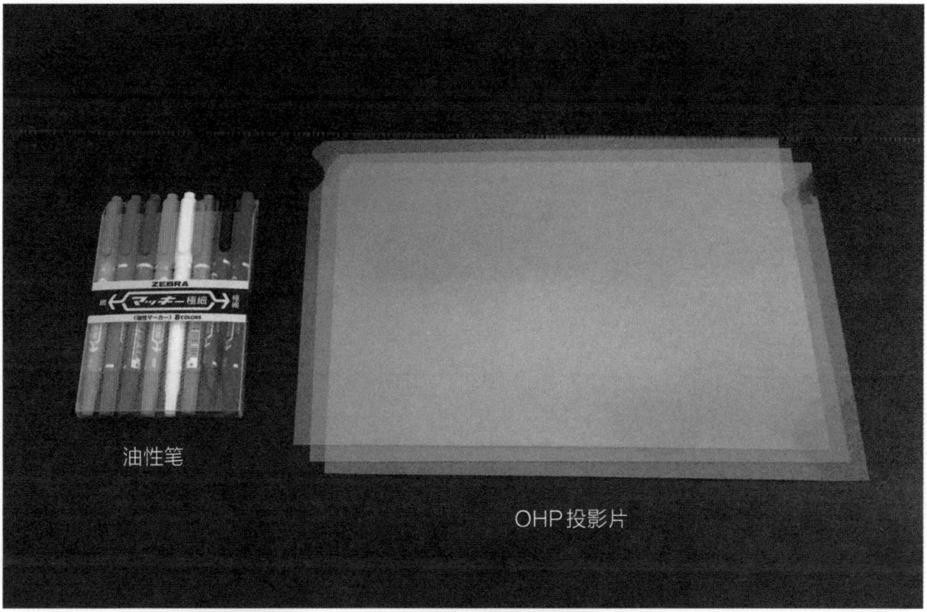

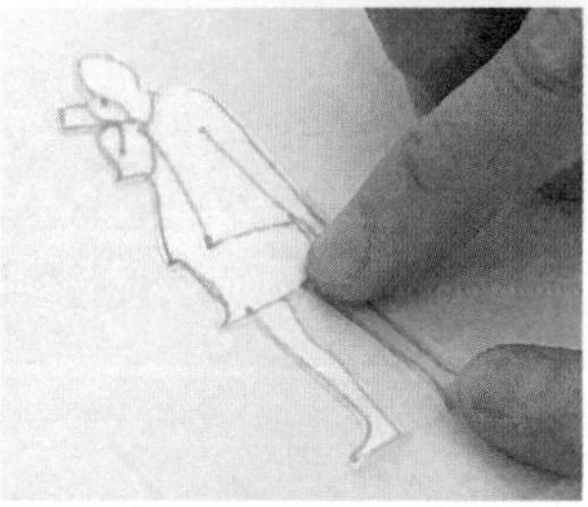

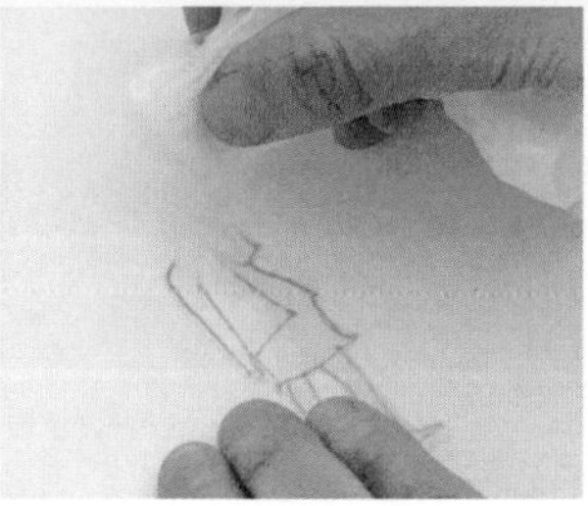

❹为了使裁剪出来的人物可以自行站立，可以在人物脚下多留出一小块，然后向上折。借助金属直尺等工具制作折痕会使人物更容易站立。

❺油性笔画的线可以用消字液擦掉。

❻用双面胶将做好的人物模型粘在基础底板上就完成了。在OHP投影片上喷上彩喷颜料，人物会显得比较有存在感。

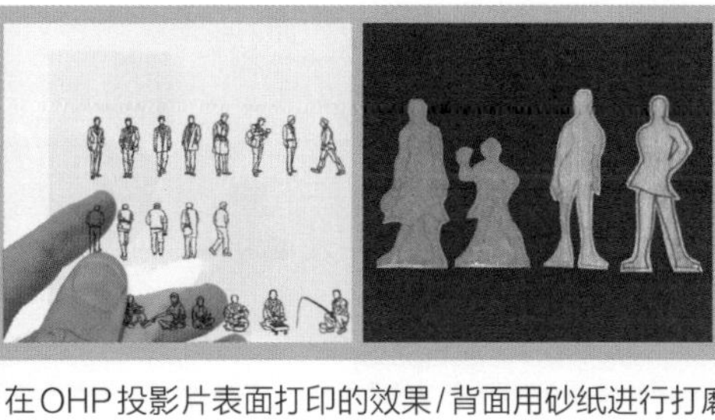

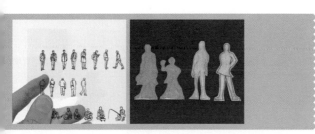

在OHP投影片表面打印的效果/背面用砂纸进行打磨的效果

76 铅皮制作能改变姿势的人物模型

❶用纸剪出需要制作的人物形状。

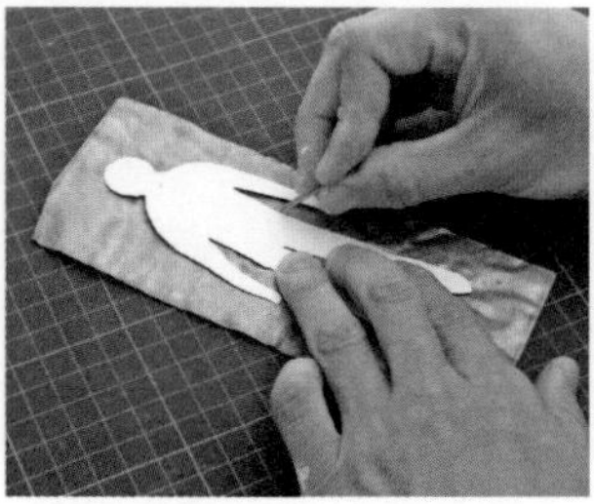

❷以第1步剪出的纸为模板，用钉子尖等工具在薄铅皮上描绘出人物的形状。

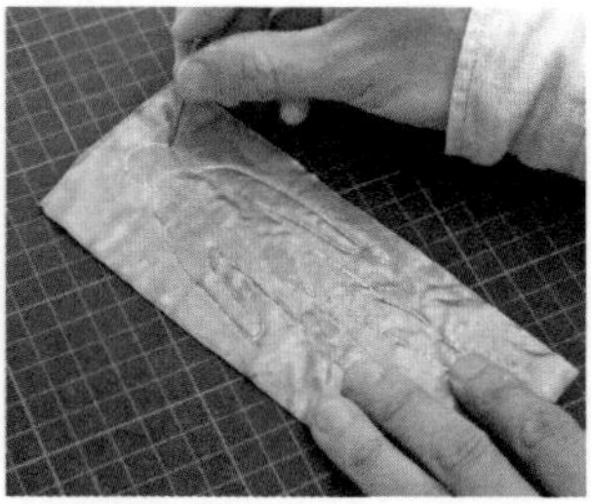

❸拿开纸模板，进一步加强轮廓线，明确人物配景的线条。

纸张无法表现的动作，铅皮可以做到。

如果想更具体地表现某场景里人物的动态，可以选择柔软易变形的铅皮。根据铅板厚度的不同，材料加工的适用性和稳定性也不同。一般来说，越大的配景模型越要使用厚的板材。薄的板材容易用剪刀剪切，稍微扭转调整可以使人物变得更立体，姿势也更容易稳固。

模型制作概况

制作时间：大约10min/难易程度：★★

薄铅皮

❹如果选择较薄的铅皮，可以用刀裁切。如果是较厚的铅皮，则需要小心地用剪刀进行裁剪。

❺用美工刀调整切割轮廓中比较精细的部分。

❻接下来表现人物的姿势和动作。可以将人物的脚尖弯曲，用双面胶等材料固定在底座上。

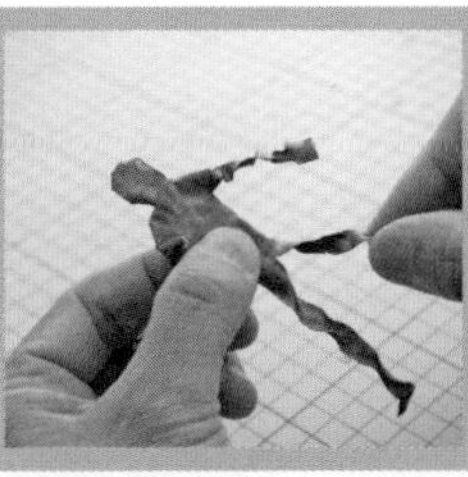

这种制作方法可以做出形态各异的人物形状/局部扭转调整就可以使模型变得立体

77 布料+厨房用木签制作画具组合

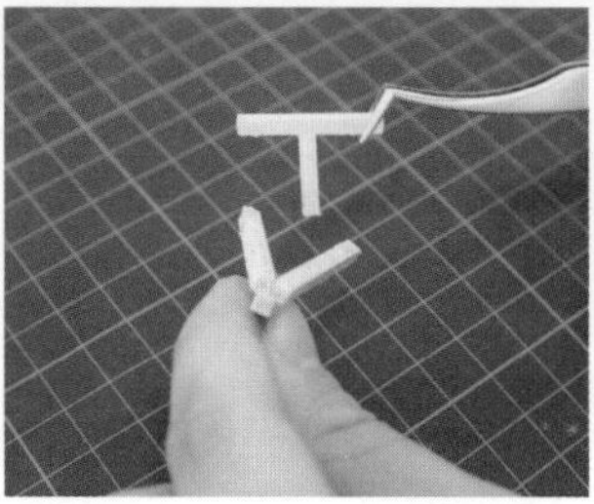

❶ 首先制作画架。利用厨房用木签切出画架的3根主体材料和1根脚部支架。在模型比例为1/50的情况下，画架主体的尺寸为20mm，脚部支架为8mm。

❷ 将其中2根主体材料做成V形，另外1根因为要作为画布的承接台，需要和脚部支架一起做成T形构件。将上述的两种构件黏合在一起，完成画架的基础框架。

❸ 厨房用木签切出8.5mm的木签2根、13mm的木签2根，组装成木画框。

用与实物相同材料制作的“迷你模型”最具表现力。

实际上，室内装饰的几乎所有部分都会使用布料，因此，只要有布料，模型就会显得更加逼真。比如窗帘或者门帘，都是很容易用布料进行制作，并安装进室内模型的部分。制作过程中可以使用和真实场景一样的布料。

模型制作概况

制作时间：大约10min/难易程度：★★

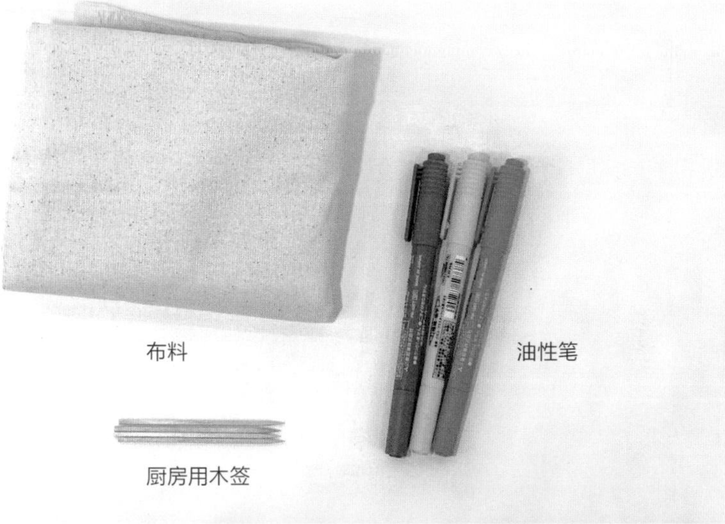

❹对应木质框架的尺寸剪出长宽各多出10mm的布料，用油性笔在中央绘制图画。

❺接下来把木质框架和布料粘在一起。把布拉直，四边整齐地叠到木质框架后面，这样模型就会比较整洁漂亮。

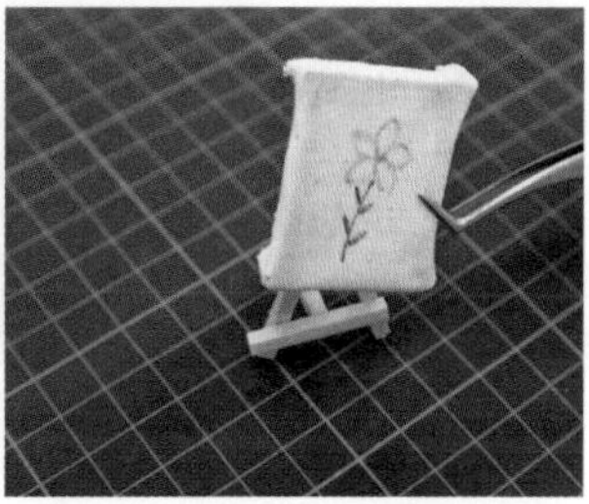

❻最后把画框安放在画架上，画架和画框的组合模型就完成了。

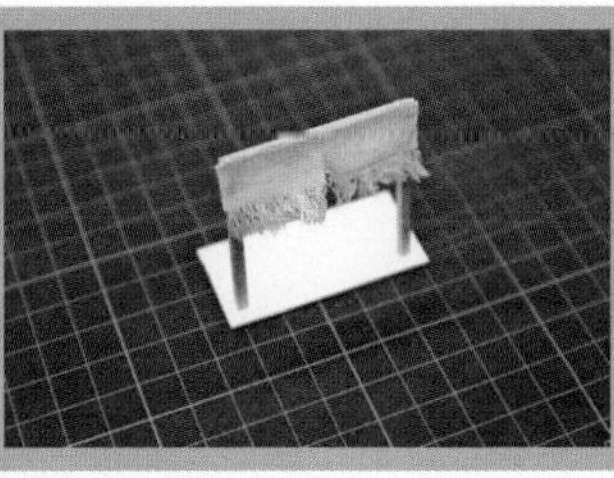

门帘的模型表现

78 假睫毛制作教室扫帚

s=1 / 50

❶首先将假睫毛切成三等份。

❷将三等份的假睫毛叠放在一起。

❸按照假睫毛的长度切割厨房用木签。

假睫毛的纤维细度和密度正适合做模型用的扫帚。

教室用的扫帚适合用毛短、粗、密度高的假睫毛制作；相反，毛细长的假睫毛做的扫帚则适合在玄关等场景使用。纤维尾部不交叉，不过于卷曲的直型假睫毛比较容易加工制作。以此为基础，也可以对扫帚头的工作部分进行着色，使模型产生使用感。

模型制作概况

制作时间：大约15min/难易程度：★★

❹将假睫毛粘贴在第3步做出的木签上，两端用剪刀剪齐。

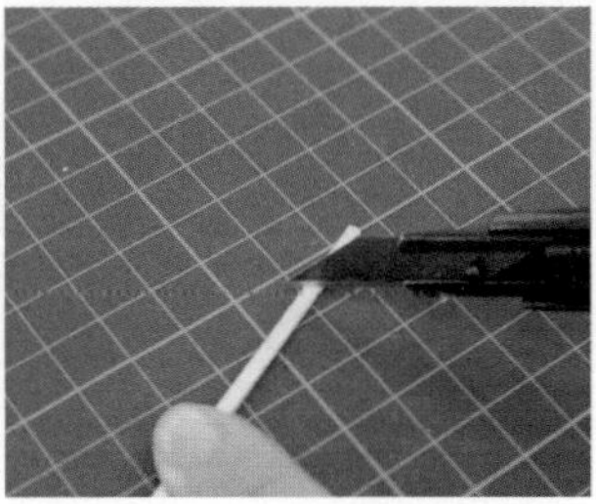

❺利用厨房用木签切出模型所需的扫帚柄。1/50的模型比例，扫帚柄的长度为25mm。

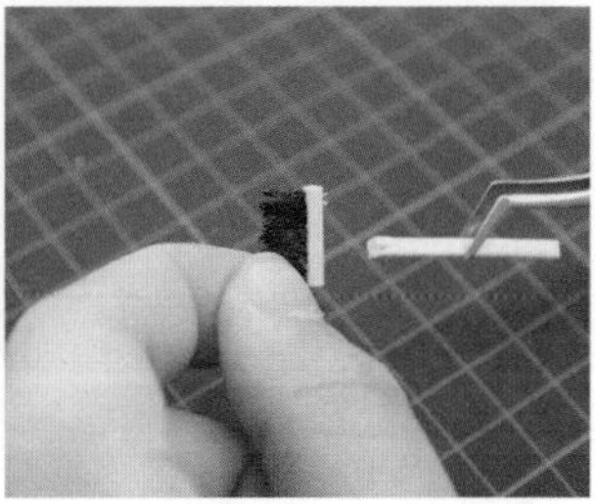

❻将第4步做出的扫帚头粘贴在第5步做出的扫帚柄上，模型即完成。

使用直型假睫毛制作的扫帚

79 刷子毛制作竹扫帚

s=1 / 30

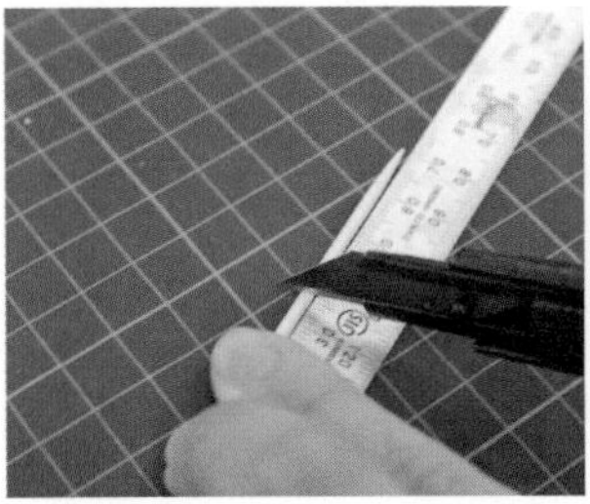

❶ 利用厨房用木签，裁切出扫帚柄。若为1/50的模型比例，扫帚柄的长度为20mm。

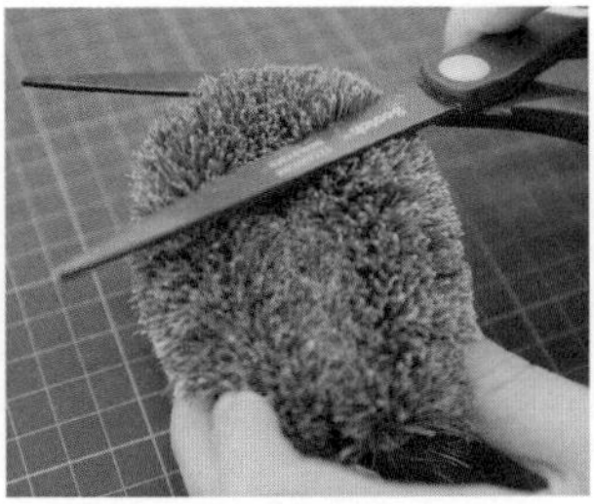

❷ 用剪刀把刷子端头的毛剪下来。在1/50模型比例的情况下，剪下来的毛的长度控制在20~ 30mm最为合适。

❸ 将剪下来的刷毛对齐，用胶带进行临时的固定。

Point

竹制扫帚和其他的模型配景组合在一起，可以表现出模型场景的活跃氛围。

如果将刷毛的数量控制在4根左右，并将刷毛端头的部分稍微弯曲，就会变成耙子。

模型制作概况

制作时间：大约10min/难易程度：★★★

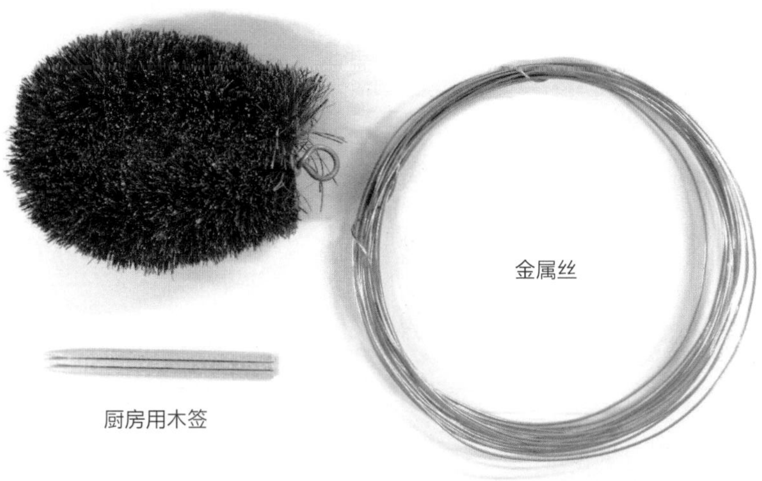

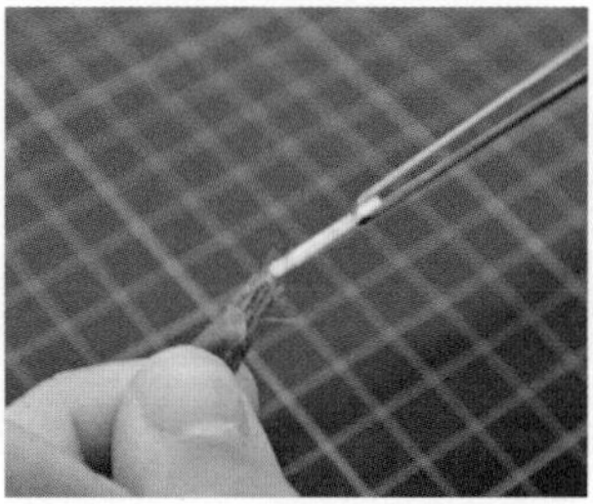

❹将由木签制作的扫帚柄塞进刷毛没有被胶带固定的那一端。

❺剪出用于固定扫帚头和扫帚柄的金属丝。

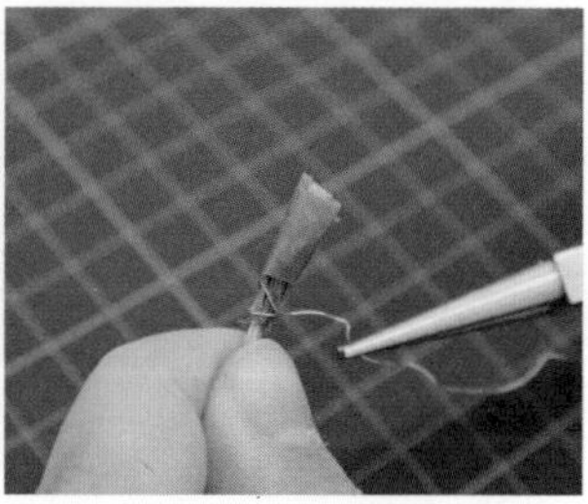

❻扫帚柄和扫帚头重叠的部分用金属丝进行缠绕固定，然后去除临时固定用的胶带。

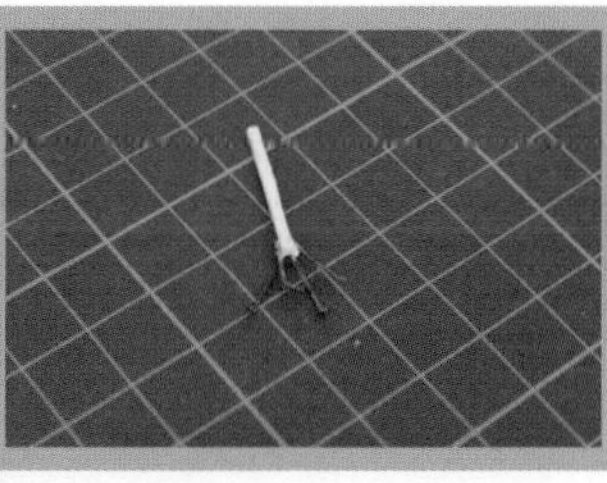

耙子的模型效果

80 金属丝制作自行车

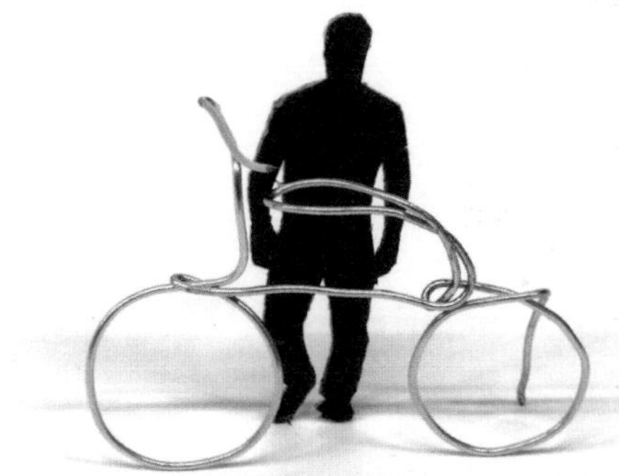

s=1 / 50

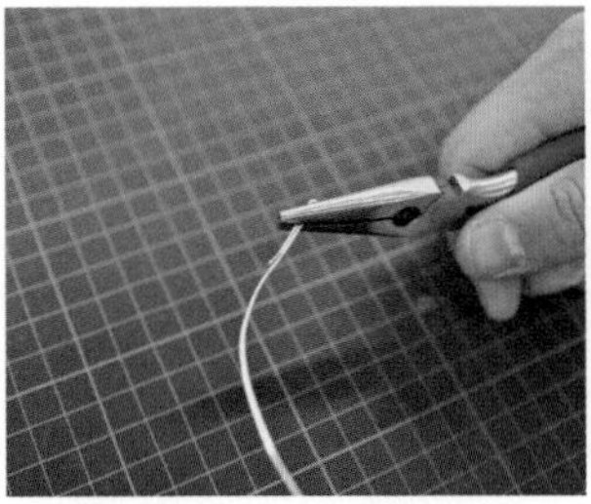

❶ 首先用钳子将金属丝的一端折返10mm作为自行车头部，折返部分一半的地方做一个角度，形成自行车的把手。

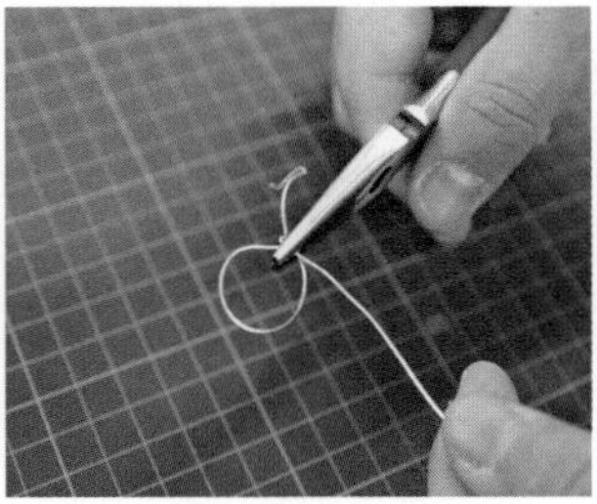

❷ 继续将金属丝绕一个圆圈，当作前轮，并在圆圈闭合处绕一下金属丝。

❸ 留一段金属丝作为自行车前后轮之间的横杠。然后取20mm长的金属丝拧成两折作为车座。和上个步骤一样拧转一下金属丝。

利用一根金属丝制作自行车，
这种制作方法虽然难度比较高，但可以应用范围非常广泛。

将这种制作方法活用一下，制作两个后轮就能做成三轮车的模型。

模型制作概况

制作时间：大约10min/难易程度：★★★

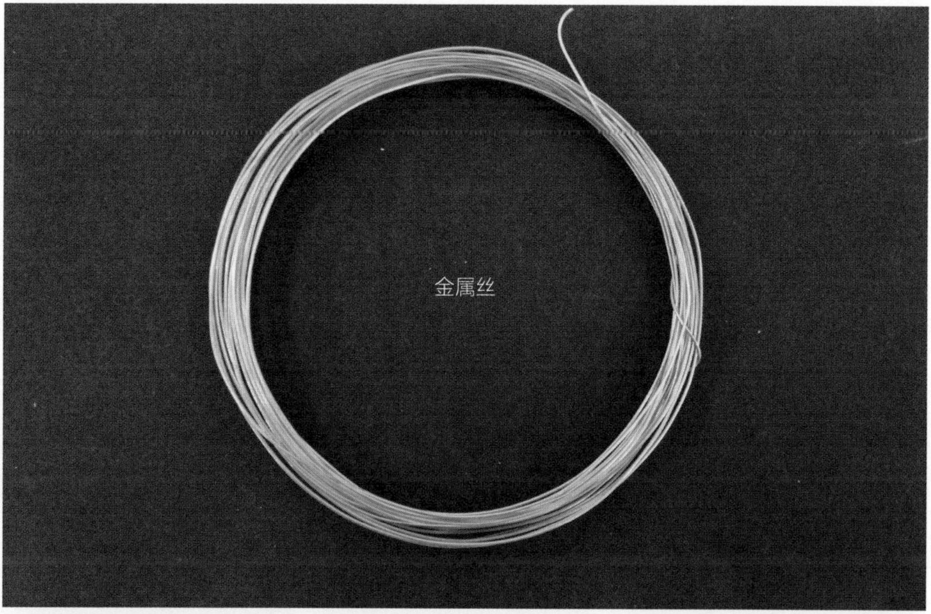

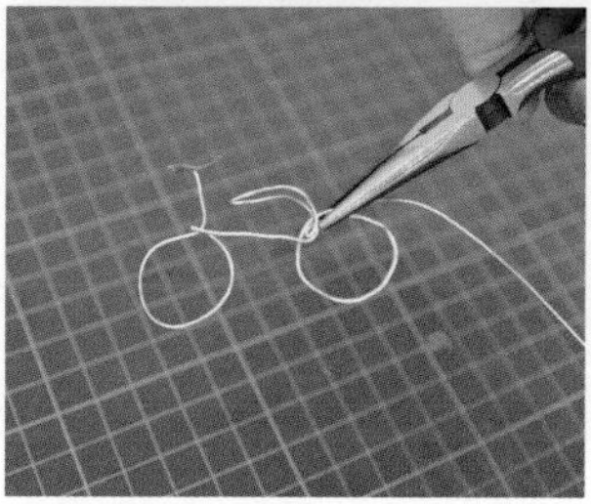

❹和前轮一样制作后轮，同样在根部拧转金属丝。

❺将剩余的金属丝端头朝下做成支架。

❻剪除多余的铁丝形成适当的支架长度，才能让模型自立。自行车模型就制作完成了。

三轮车模型的制作效果

81 雪糕棒+子母扣制作拖车

s=1 / 50

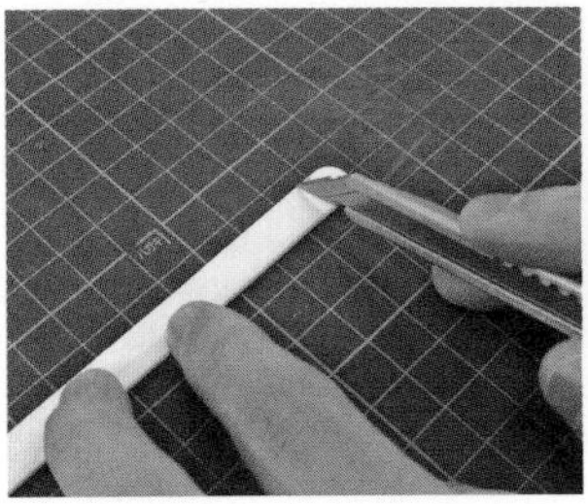

❶ 将雪糕棒切成拖车所需的大小和长度。

❷ 将裁切好的雪糕棒组装成拖车后部的木箱。

❸ 将切好的方形木棒粘到制作好的木箱内侧。

Point

模型制作中子母扣的子扣可以作为车轮使用。

蔬菜模型和拖车模型的组合可以用于农作及商业贩卖等场景。

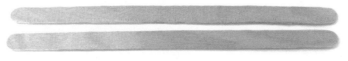

模型制作概况

制作时间：大约10min/难易程度：★★

雪糕棒

方形木棒

子母扣的子扣

❹ 接下来用方形木棒制作拖车把手。

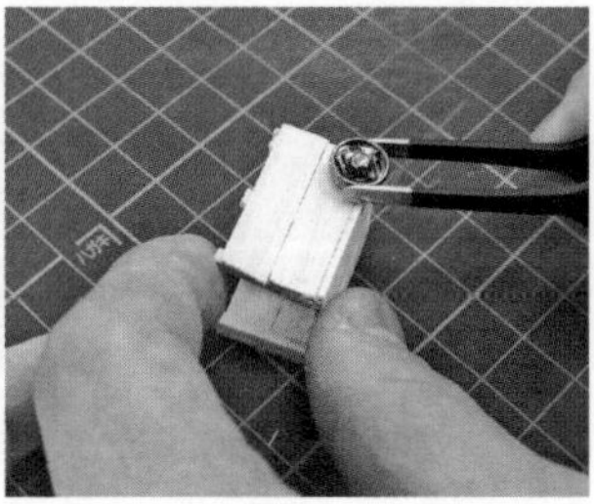

❺ 子母扣的子扣粘贴在木箱上作为轮胎。

❻ 最后安装拖车把手，完成拖车的模型制作。

添加蔬菜等货物模型的拖车模型，可适用于许多不同的场景

82 容器盖制作水桶和花盆

❶本范例使用了“睫毛胶”的盖子。用金属丝制作把手，粘在盖子上就制成了水桶。

❷采用胶水和模型专门凝胶表现水桶中装满水的效果。

❸在盖子制作的容器中插上植物的效果。

不要扔掉瓶盖！翻个面就能变成模型场景中的水桶或花盆。

在右边的照片中，除了使用了胶水等黏合剂的瓶盖外，还使用了果冻饮品的瓶盖。植物部分则使用了满天星干花和永生花作为素材。

模型制作概况

制作时间：大约5min/难易程度：★

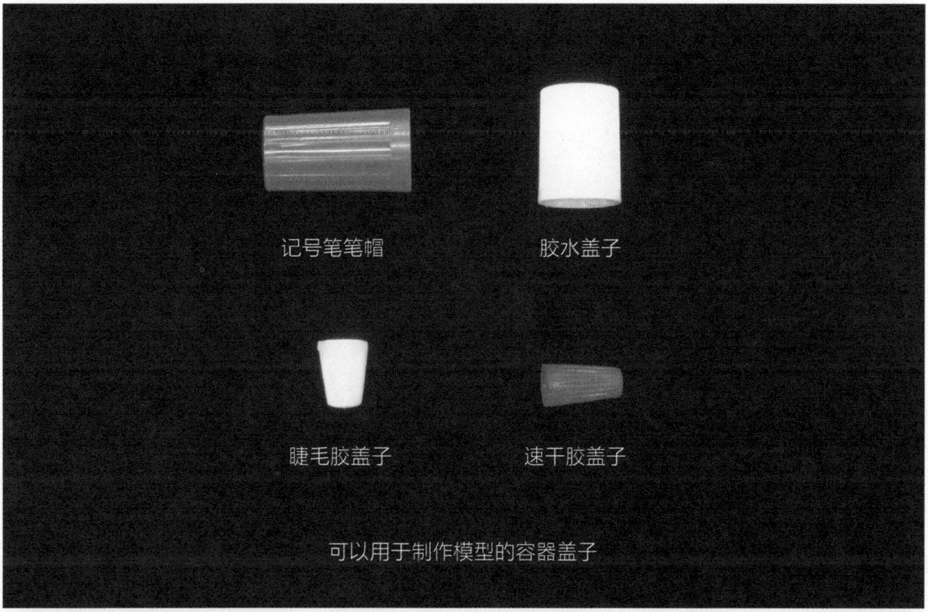

可以用于制作模型的容器盖子

❹将盖子和其他清洁用具放在一起的效果。

❺可以准备一个大瓶盖，在其中填入棕色的黏土，喷上喷雾胶水，再附着上棕色的草粉。

❻插入永生花、干花等花艺素材就能成为花盆的模型。

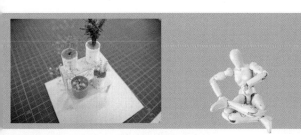

使用瓶盖制作的各种植物盆栽的模型效果

83 胶水容器制作交通锥、落地灯

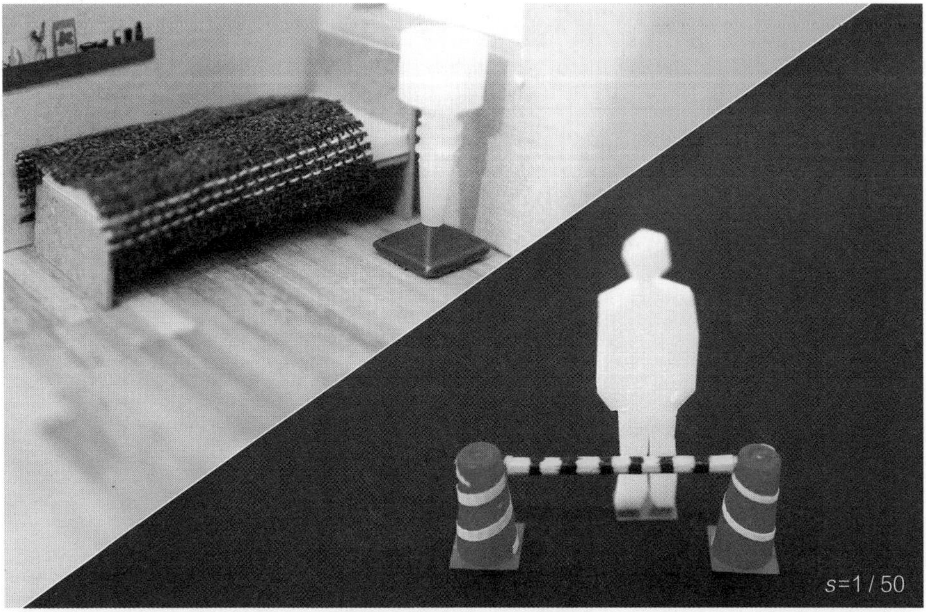

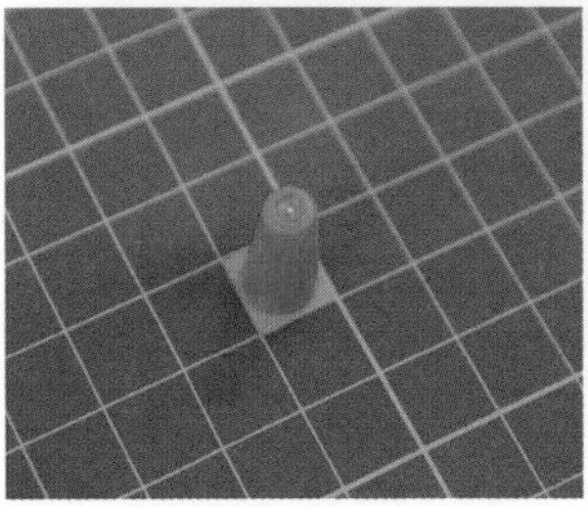

❶把黏合剂的盖子翻转过来，贴上彩色卡纸作为底座，就形成了三角锥体的形状。

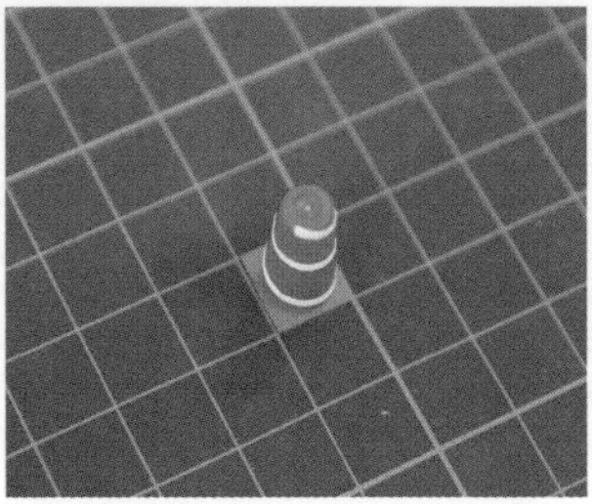

❷白色的美纹纸胶带切成细条贴在制作好的三角锥体上，交通锥的模型就做好了。

❸还可以在两个安全警示锥之间加上用黑色和黄色着色的牙签，就制作出常用于停车场和施工现场等场景的路障。

将用完的强力胶等黏合剂容器拆分后就可以作为制作模型的素材。

把黏合剂的盖子倒过来，加上铁丝提手，就可以当作水桶模型了。除了黏合剂以外，所有的瓶盖都可以作为模型材料进行再利用。虽然制作模型的过程中难免会产生一些垃圾，但还是应该尽量进行再利用，减少垃圾的生成。废弃物中很多都是可以再次利用的“宝贝”，所以培养发现和鉴别的能力是非常重要的。

模型制作概况

制作时间：大约5min/难易程度：★★

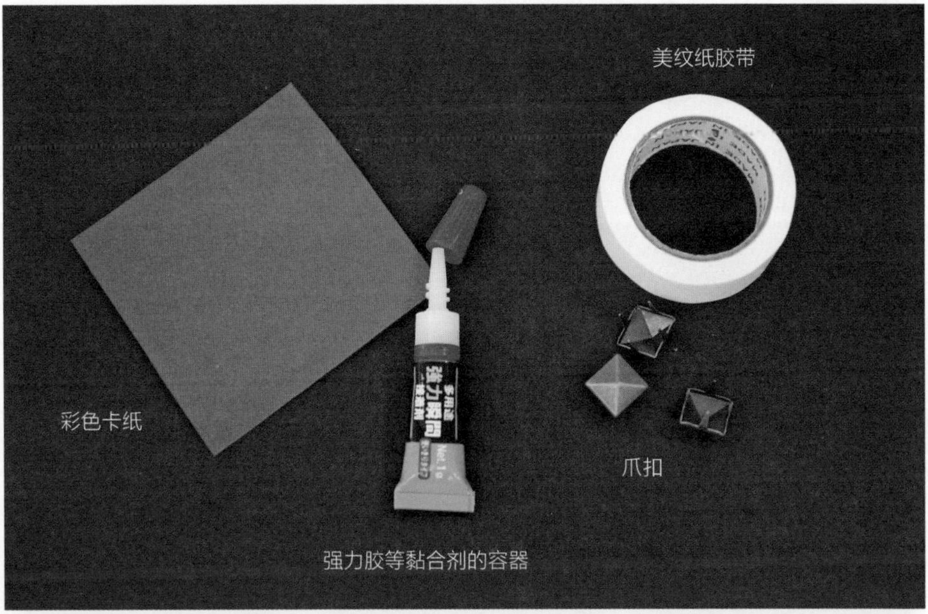

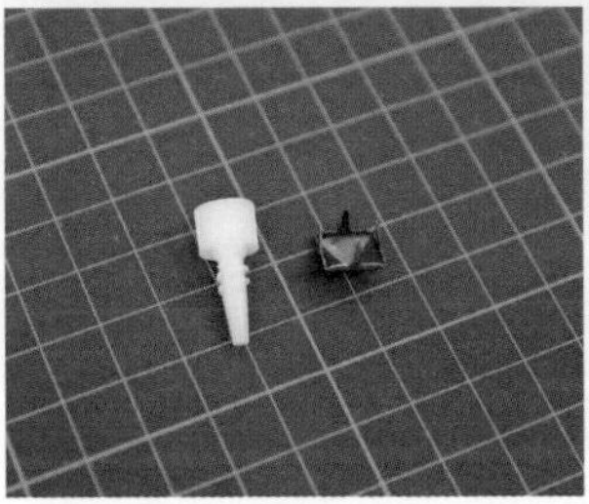

❹黏合剂的前端塑料头与爪扣组合在一起，可以制作台灯的模型。

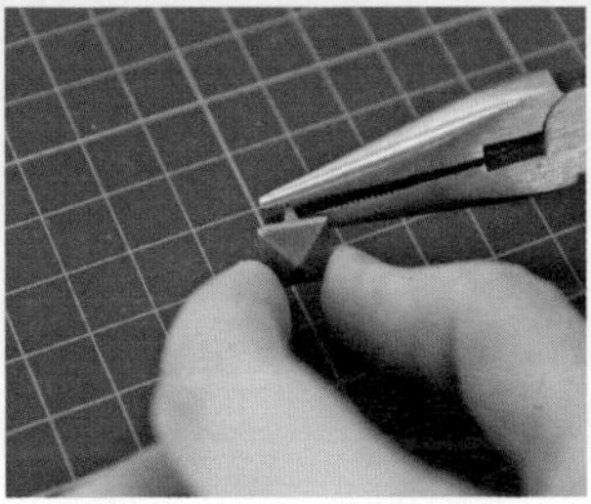

❺用克丝钳或钳子把爪扣的“爪”剪掉，可以作为台灯的基座。

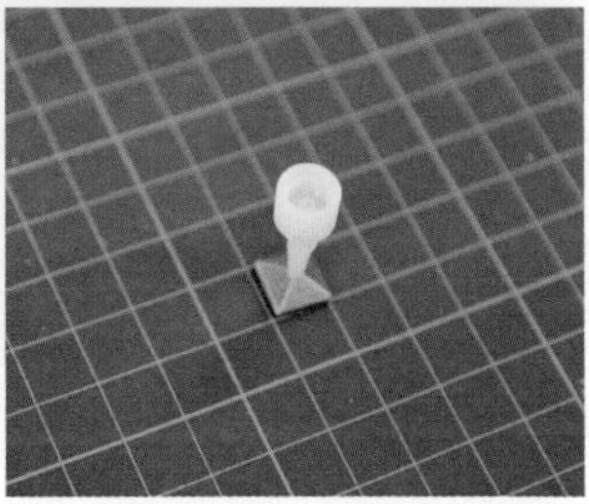

❻然后将黏合剂的塑料头前端向下与爪扣黏合在一起，落地灯的模型即完成。

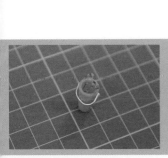

使用瓶盖制作的水桶

专栏

来自专业摄影师的模型摄影技巧

乌村钢一（建筑摄影师）

一张好的模型照片可以让人想象出实际的空间效果。下面，建筑摄影师乌村钢一将向大家介绍建筑模型摄影如何更好地传达空间感以及设计意图（图1）。

图1　模型的材质、背景、打光方式、角度都调整到位的模型照片

1. 什么模型能够拍出想要的照片？

①模型大小与相机的密切关系

拍摄模型照片时首先要注意模型的大小。无论你有多好的相机，模型的大小和相机的种类不匹配的话同样不能拍出好的照片。从物理学的角度来说，以构图为首要目标的拍摄，需要让相机镜头更靠近模型。尺度较大的模型可以用单反相机拍摄，稍微小一点的模型则适合用小巧的相机。如果是小型模型，有时候或许用手机自带的相机更适合。

②在模型的制作方法上下功夫

这一点与拍摄使用的相机无关，重要的是“想办法制作出想要拍摄的角度，而不是根据现有模型确定拍摄的角度”。下面列举几种制作模型的方法，以获得理想的拍摄角度。

a. 将一部分墙壁、屋顶、各层楼板进行拆除

在脑海中设想要展示的模型角度，在确保模型强度的前提下，拆除墙壁、屋顶、楼板等模型组件能得到更多的拍摄视角（图2）。

图2　将部分墙壁拆除后的模型

b.拍摄模型时要一气呵成，不要中断

如果在拍摄场地整体模型的过程中被打断，照片之间的连续性就会减弱。场地模型的拍摄范围最好控制在相机的视角范围内。如果视角实在无法覆盖全部的模型，可以通过拼接、修图等图像处理方法进行调整（图3）。另外，为了让相机能更接近建筑主体模型，最好将建筑用地的模型进行分割。这样可以让相机更容易地捕捉模型的细节和特征。

图3　场地模型的图像处理

c.周围的建筑物、树木、人、家具等点缀物要保留下来

如果在拍摄时能把点缀物去掉，就能拍摄到设置点缀物和移除点缀物两种情况的模型对比图。举个例子，有些特殊的空间，根据家具设置和展示内容等不同，会设置不同的地板。因此有时还会控制在同一个机位，更换地板，拍摄出不同的画面（图4）。另外，有的情况可以通过后期处理图像，使模型的点缀物虚化。

d.玻璃的部分要根据图像效果和视野范围内的场景来选择表现方法

如果模型的门窗洞口等开口部位的玻璃是用透明的亚克力板做的，在照片上可能会反光，影响照片的效果。另外，透明材质上划痕、黏合剂、污渍也会很明显。由于上述原因，可以选择在开口处什么都不加，仅通过图像处理加上边框，或者通过叠加一层薄薄的反光来表达玻璃的效果。

图4　地面替换前后的不同模型效果

e. 在整体模型之外，可以制作特别想展示的局部场景的模型

为了取得更好的图像效果，制作改变比例的内部模型来进行拍摄也是一种很好的方法。

虽然上述要点不是全部，但总之，从模型的拍摄效果出发考虑模型的大小、精细度等是很重要的。模型制作的最终目的是展示模型本身，也可能是展示拍摄模型的照片等，所以要根据在什么场合、以怎样的形式展示，来确定合适的模型制作方法。

2. 器材和环境的整理准备是基本

①相机的选择

a. 单反相机

单反相机最大的优点是可以进行精细的拍摄工作。一般情况下，相机镜头靠近模型拍摄时很难对焦，但单反相机可以细致地调整景深（对焦深度），从而实现精准对焦。而且，用单反相机记录的图像一般都是高分辨率的。另外，单反相机的镜头种类丰富，可以更换不同焦距的镜头，能方便地调整拍摄目标的场景视角。

但是，由于单反相机的机身和镜头的物理体积都很大，所以在拍摄小型模型时就会出现前文所述的限制和约束条件。另外，因为单反相机在拍摄时最好固定在三脚架上，所以角度会相对固定，容易形成拍摄惯性。

b. 微单照相机

它的性质介于单反相机和手机自带相机之间。它的特点是可以调整焦点和景深，但镜头的种类不丰富，甚至有的不能更换镜头。但根据机型的不同，有的微单相机比单反相机更适合拍摄模型照片的工作。

c. 手机

用手机进行拍摄优点是机身小巧方便，特别是在拍摄室内装饰的时候，可以使镜头进入模型中，拍摄出具有临场感的特殊角度。另外，小型设备可以轻松地全方位取景，从而进行不同角度的比较探讨，例如把这些镜头放到演示中，探讨初期阶段的空间效果，是很好的选择。手机拍摄的缺点无法明确焦点和焦点深度，很难进行精细化的调整。

②熟练使用三脚架

无论用什么样的相机拍摄，都请使用能够牢牢固定相机的三脚架等器材。在使用单反相机和微单相机时，可以通过固定相机来获得景深效果。另外，拍摄时为了获得更高亮度而长时间打开快门的“长时间曝光”过程中也不会产生抖动。在释放器、快门遥控器、计时器和三脚架一起使用的情况下，可以避免在按快门的时候直接接触相机，可以减少拍照时的抖动和角度偏差。

使用三脚架可以更好地保持相机水平。此外，还可以仔细研究视线的高度、位置、光线照射方式等，以这些因素为依据微调拍摄角度。另外，在固定拍摄角度的情况下，可以通过改变点缀物的位置和光的照射方式等要素，得到不同的拍摄效果；也可以在保持同样距离的情况下移动模型，能够快速正确地拍摄出立面的变化。

固定角度的拍摄方法还很适合以修图为前提的连续摄影。例如，拍摄拆装屋顶的两个镜头，通过合成两张改变亮度的图像，还可以表现出透过屋顶展现建筑内部的效果（图5）。

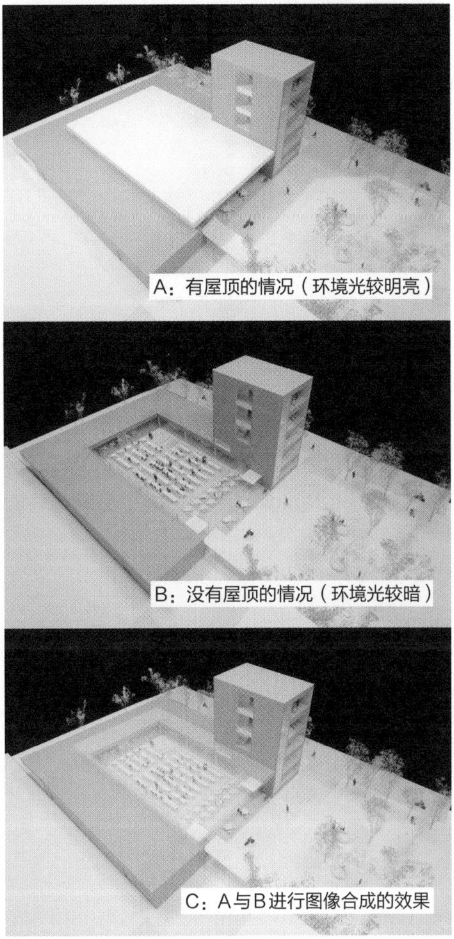

A：有屋顶的情况（环境光较明亮）
B：没有屋顶的情况（环境光较暗）
C：A与B进行图像合成的效果

图5　透过屋顶的模型表现效果

但是，使用三脚架拍摄时，移动相机会变得麻烦，容易变成比较固定的角度。另外，必须确保三脚架有合适且易于固定的站立位置也可能是个麻烦事。

③背景设置

在传达氛围感和模型的整体场景感方面，背景非常重要。背景的基础底面必须是平面，避免使用有褶皱、肌理或图案的材料。颜色以白色为主，黑色则会给人一种清晰、厚重的印象。例如，在模型中使用了白色材料，如果背景是黑色，模型就会更加突出。

将作为背景的材料从上方垂挂下来，一直垂落到放置模型的水平面以下，消除交界处的空隙是最理想的状态。更为简单的方法，可以用滚屏幕布或亚光的黑布等来代替。另外，将模型移至室外，以远处的绿树、天空、城市远景等为背景进行拍摄也很有趣。或者也可以在后期图片处理时与相关素材进行拼贴，合成风景照。

④选择合适的照明方式

拍摄建筑模型时，光的种类和照明工具也很重要。光源可以分为自然光和人造光。

在使用自然光拍摄的情况下，可以选择在窗边或室外进行拍摄。这里需要注意晴天的直射光和多云天气的间接光的区别，直射光是直接照射在物体上的光线，间接光是被云层、窗帘等遮挡后照射到物体上的光线。自然光的照明需要配合太阳的照射角度来拍摄。

利用自然光拍摄的优点是不需要照明工具，不花钱就能获得足够的亮度和光照质量。缺点是无法控制自然光线的角度、强度和色温。色温是光源发出的“决定光的颜色的温度”，用K（开尔文）来表示。色温会随着时间的变化而变化，即使是同样的白纸，在正午和夕阳的光照下，颜色看起来也不一样。

在使用人造光拍摄的情况下，需要准备好照

明器具，预先进行光源的营造。使用人造光拍摄的优点是可以调整光的角度和强度等，缺点是人造光需要提前准备工具，费用较高。光源可以使用摄影用白炽灯、LED灯等。当使用白炽灯时，要注意避免烧伤和火灾。

在选择光源的时候要注意光的色温，在使用多个灯光的时候更要重点关注色温，注意不要把不同的色温混在一起。即使色温相同，不同光源的光的效果也会有差别，因此同色温的不同光源也不要混用。另外，最好选择具有良好显色性能（对色彩的还原能力）的光源，但是价格也会较昂贵。

另外，可以试着研究一下打光的方法，比如用黑色的纸或布遮挡光线，用半透明的纸使光线柔和，用塑料板使光线反射到模型上等。同时也要注意选取光源的光扩散方式。

最后，灯具也和相机一样，建议固定好。选择人造光的时候，使用夹桌式插座会比较好。

3. 建筑模型拍摄的要点

拍摄时常出现虽然备好了器材，但总觉得不顺利，或哪里不对劲的情况。这种时候，请注意以下3个要点，重新审视拍摄的设定和整体环境。

①注意相机的参数设置

镜头的焦距需根据拍摄空间来选择。拍摄室内场景时最好使用14~24mm范围内的镜头，拍摄室外场景时最好使用24mm的镜头，如果想让照片看起来更像是人眼看到的状态，最好使用50mm的镜头。一般的手机多为30mm等效镜头，但也有的手机中会配备14mm等效超广角镜头。广角镜头会产生失真的效果（例如笔直的线条产生弯曲的情况），必要时要对图像进行后期处理。

为了对焦，需要将控制景深的光圈值F设定得大一些。一般的模型摄影都是设置在8~11的范围，也有时设置到16~22。可以一边改变设定一边进行拍摄，随时确认照片的效果。

另外，一边改变亮度一边进行拍摄，可以捕捉不同亮度情况下形成的变化效果。这里要注意，大屏幕放映和用相机的显示器看到的图像效果是不一样的，大屏幕放映能弱化“过度曝光”“曝光不足”等图像问题。

照片的颜色可以通过相机的“白平衡”功能来进行改变和调整。这是以白色为基准进行调整，修正光色的影响，还原物体原本色彩。当然也可以通过此功能得到。温暖的表现效果，也可以进行冷色调——即较为冷感的模型场景的表现。当然，白平衡校正也可以在后期的修图中进行。

另外，随着数码相机、手机相机的分辨率越来越高，也可以结合最终的打印需求来设定分辨率。因为“大”尺寸可以向下兼容“小”尺寸，所以拍摄时分辨率可以设置得尽量大些，可以在后期调图时调整到合适的分辨率。大尺寸能方便对照片进行剪裁后局部放大。

在原尺寸全彩印刷的情况下，演示文稿等页面的分辨率可以设定为350~400dpi；不近距离凝视的海报等以200dpi为标准；在灰度的情况下，以600~1200dpi为标准。另外，即使分辨率提高得很高，打印机也无法表现出来，如果将过大的数据发送到打印机上，还可能会引起“打印堵塞”，这一点也要注意。

②在打光方法上下功夫

在人造光的情况下，打光的方法很重要。拍摄模型内部的时候，用间接光使模型处于柔和均质光的状态（多云阴天的感觉）是最常用的打光方法。拍摄外部环境的时候，如果光线过于均匀就会导致模型缺乏立体感，如果光源太靠前就会缺乏纵深感，所以需要下功夫对打光进行研究和调整。根据模型表现要求的不同，直接用灯泡打光，使模型投出阴影，也会有不错的效果。

光源的高度和方位要根据不同季节的太阳

的位置来进行，不要脱离实际。如果相机放在时钟12点的位置，就可以表现早上10点或下午14点左右的太阳光效果。但是，光的表达方式是自由的，可以多多尝试。例如，为了表现黄昏场景和夜景，可以特意对色温进行混合。例如，用5000K光源当作太阳，用2900K的光源照亮室内，并通过白平衡来调节2900K的光源的颜色，就会出现黄昏场景室内偏暖、室外偏冷的模型表现效果（图6）。除此之外，如果把模型的地板替换成透明的亚克力板，就可以从下面进行照明，只照亮建筑内部。在这种情况下，也可以使用黑色的纸与亚克力板相结合调整明暗（图7）。

③对拍摄角度进行深入细致的探究

就像前文说的那样，把相机固定在想要拍摄的位置和角度很重要。这时，请注意保持相机水平放置。安装相机专用的水平仪，可以确保其保持水平。此外，根据拍摄角度的不同，也可以将相机调整成垂直放置。

对于拍摄角度，基本上从平面图、立面图、剖面图、透视图或者轴测图这样的图纸视角进行拍摄即可。在正上方俯视拍摄模型能得到平面图；将模型与相机平行放置，正对模型拍摄能得到立面图；保持拍摄立面图的状态，移除墙壁进行拍摄，能得到剖面图。另外，与画透视图一样，摄影也要运用正视（一点透视）、侧视（两点透视）、俯视和仰视（三点透视）等不同的视角（图8）。

另外，拍摄视角进入模型内部，从模型内的人的视线高度进行拍摄的场景照片，能让观众产生身临其境感（图9）。

图6　通过混合使用不同色温的光源，营造黄昏场景的效果

图7　将地板替换为透明亚克力板，利用光源照亮内部。这种效果适合表现虽然是正午，但是想让建筑内部看起来更亮的场景，后期再通过图像拼合叠加天空作为背景

以上是笔者根据自己的经验，总结的拍摄建筑模型照片时的基本要点。除此以外，大家可以多查阅建筑杂志和参观展览，参考众多建筑师的演示模型和图片，不断摸索，掌握属于自己的模型摄影和演示技巧。

（内容执笔协助：加藤纯）

模型制作：
图1和图4——川岛铃鹿建筑设计事务所；
图2、图3、图5~图9——S设计公司。

图8　和对应图面相匹配的视角

图9　深入模型内部拍摄的具有临场感的模型场景效果

砂纸

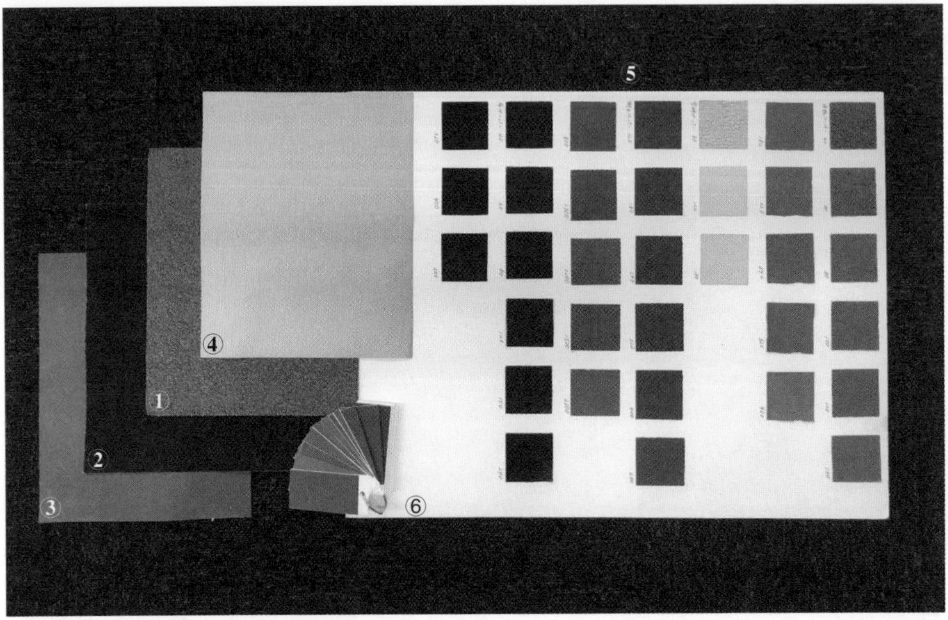

人们会先入为主地认为砂纸是打磨材料，但砂纸同样可以作为模型制作中一种非常重要的原料素材。

砂纸是在薄纸片上附着研磨材料的一种用于打磨的材料。根据基底材质的不同可以分为很多种类。

①砂纸

砂粒附着在纸板上。主要用于木材的表面打磨。因为是用厚纸板做的，所以缺乏耐久性，打磨时产生的碎屑很容易卡在砂粒中，影响打磨效果。

②布砂纸

砂粒附着在布料上。因为布料比纸更有耐久性，所以可以用来对金属进行打磨。而且布料比纸更容易弯曲，所以更适合打磨曲面，也可以将布砂纸附着在电动打磨器上使用。

③防水砂纸

耐水纸的基底是由耐水材料制成的，所以可以进行水磨。水磨是一边用水冲洗表面的碎屑，一边进行打磨的方法。这样既可以缓解碎屑引起的摩擦不畅的情况，也可以用水降低摩擦产生的高温。

④空研干纸

研磨层使用了合成树脂和防堵塞剂。这种研磨材料虽然不能水磨，但是比砂纸耐用，且不容易堵塞。也可以将其安装在电动打磨器上使用。

⑤列表板

以展示列表的方式将各种类型的材料做成列表板，能帮助我们更快捷地选择材料。把各种型号的砂纸贴在板子上，材料的颜色渐变也可以一览无余。

⑥样品本

样品本也是一种很好的材料展示方法。进行模型制作的时候可以对照样品本判断表现效果，非常方便。

表现水面的材料：蜡 / 透明板材 / 胶水

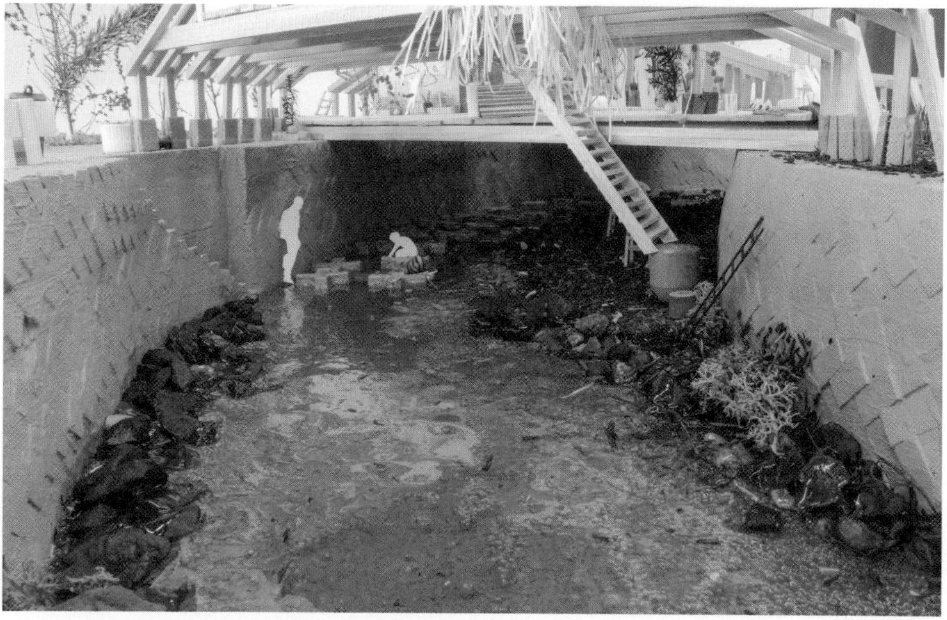

根据模型的场景和面积选择用于表现水面的材料。

· 蜡

蜡价格便宜，所以最适合用于表现大面积的水面。溶化的蜡液快速注入容器中会产生气泡，所以要慢慢注入。

蜡

· 透明板材

简单的水面表现形式之一。将几张透明板材重叠起来还可以用于表现波浪。

透明板材

· 胶水 /G 型强力胶

因为胶水材质的颜色和质地清透并且十分容易获取，用于进行周边点缀的小面积水面表现最为合适。例如水槽、浴缸、厨房的水槽等场景。

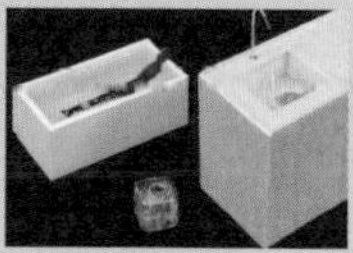

胶水 /G 型强力胶

关节可活动的人偶

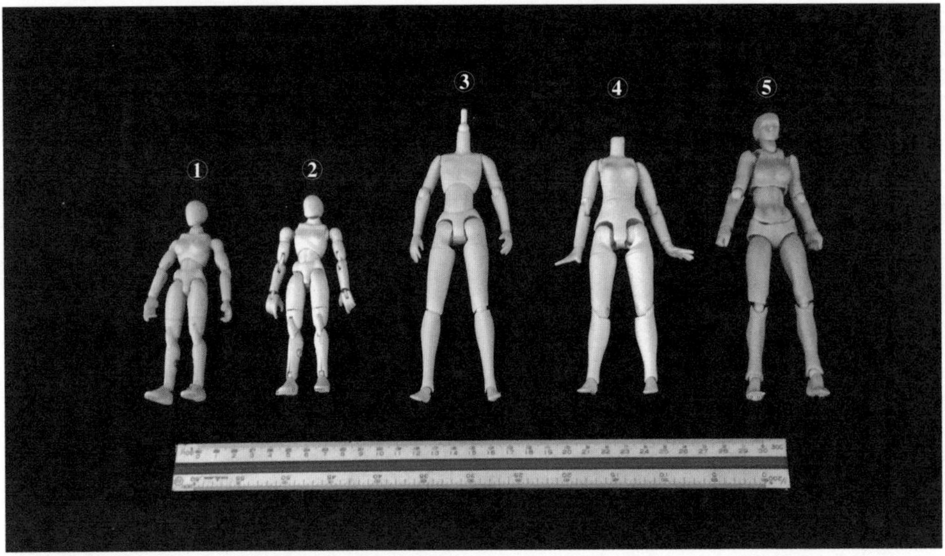

关节部位可以活动的人偶能表现不同的姿势，所以能创造出更真实的场景。

①微型小超人（日本卡通机器人形象）

Takara Tomy（日本的玩具品牌）的玩具有很多种类，其中比例约1/20的“可活动无装饰人偶”系列虽然已经结束发售，但是这种类型的人偶模型装饰性少，作为建筑模型的点缀物使用起来非常方便。市面上也有许多其他品牌的微型小人，可以简单加工后进行使用。

②微型小人（经过涂装的版本）

这类人偶经过颜色涂装。如果涂上白色的亚光涂料，则适合作为白色模型的场景点缀物。也可以将头部加工后与手办模型、通用人物模型组合，一起作为家庭场景中的人物模型。

③小比例卡通手办

比例为1/12的手办模型的肩膀、股关节等部位可以自由活动，手的零件也可以更换。正是由于这些特性，手办模型可以被用来进行细致的模型表现。手办的头部是单独出售的，如果用于建筑模型，可以用纸黏土等材料制作头部。

④小比例卡通手办(经过涂装的版本)

在白色的抽象性表现的模型场景中，利用经过涂装的卡通手办会比使用通用人物模型更能表现真实效果。

⑤通用人物模型

和小比例卡通手办一样，通用人物模型的比例也是1/12，但头部是预先设置好的统一样式。

初始模型比例的设定

如果以人物等点缀物为优先比例进行模型制作，就不能随意设定模型的比例，可以利用三角比例尺测量人物模型，并进行成倍数的缩放来得出模型的比例。通过这种方式，可以轻松地制作出非常规比例的模型。

木格栅板

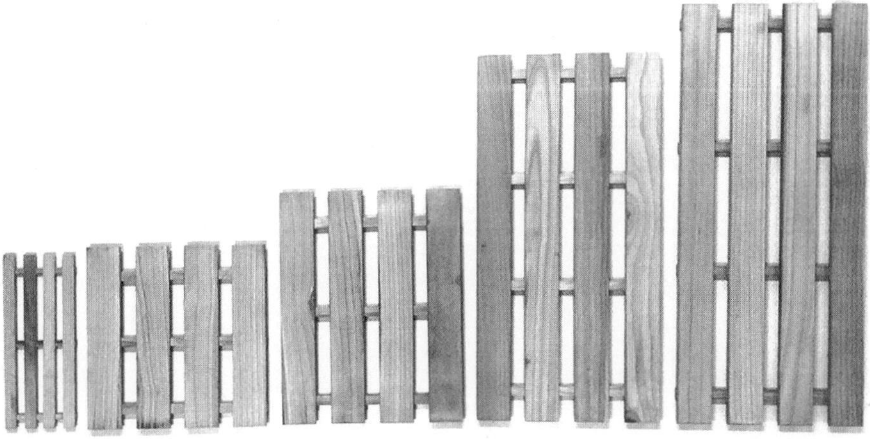

使用梧桐木的格栅板替代胶合板等模型基座材料，不仅价格便宜，还有多种尺寸可供选择。

1. 梧桐木的格栅板

不同公司生产的不同规格的格栅板可以相互组合，从而制作出多种不同尺寸的板材。

① 15.5cm × 35.5cm
② 37.5cm × 47.5cm
③ 47.5cm × 47.5cm
④ 47.5cm × 75.0cm
⑤ 47.5cm × 85.0cm

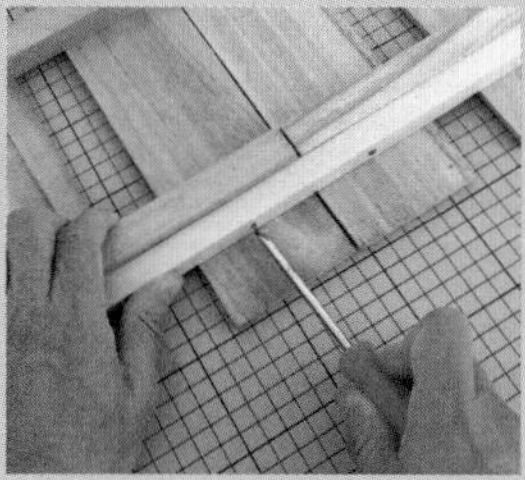

用方形木料重新连接格栅板

2. 格栅板的尺寸调整和相互连接

因为是以梧桐木为基础材料，所以很容易进行分割裁切。在连接两块以上的面板时，可以在底部原有的方形截面木料的基础上添加更多的方形木料，并用胶水和小螺钉进行固定。

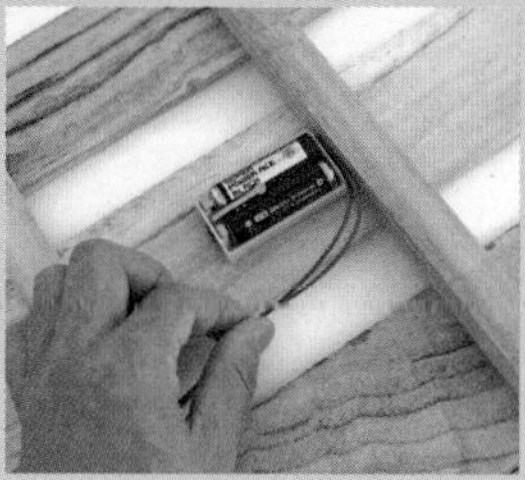

电池可以安装在构架板的底部

3. 表面材料的粘贴方法和通线方法

格子构架板的间隙也可以用作安装照明设备所需的通线口。

使用多样的材料进行模型表现

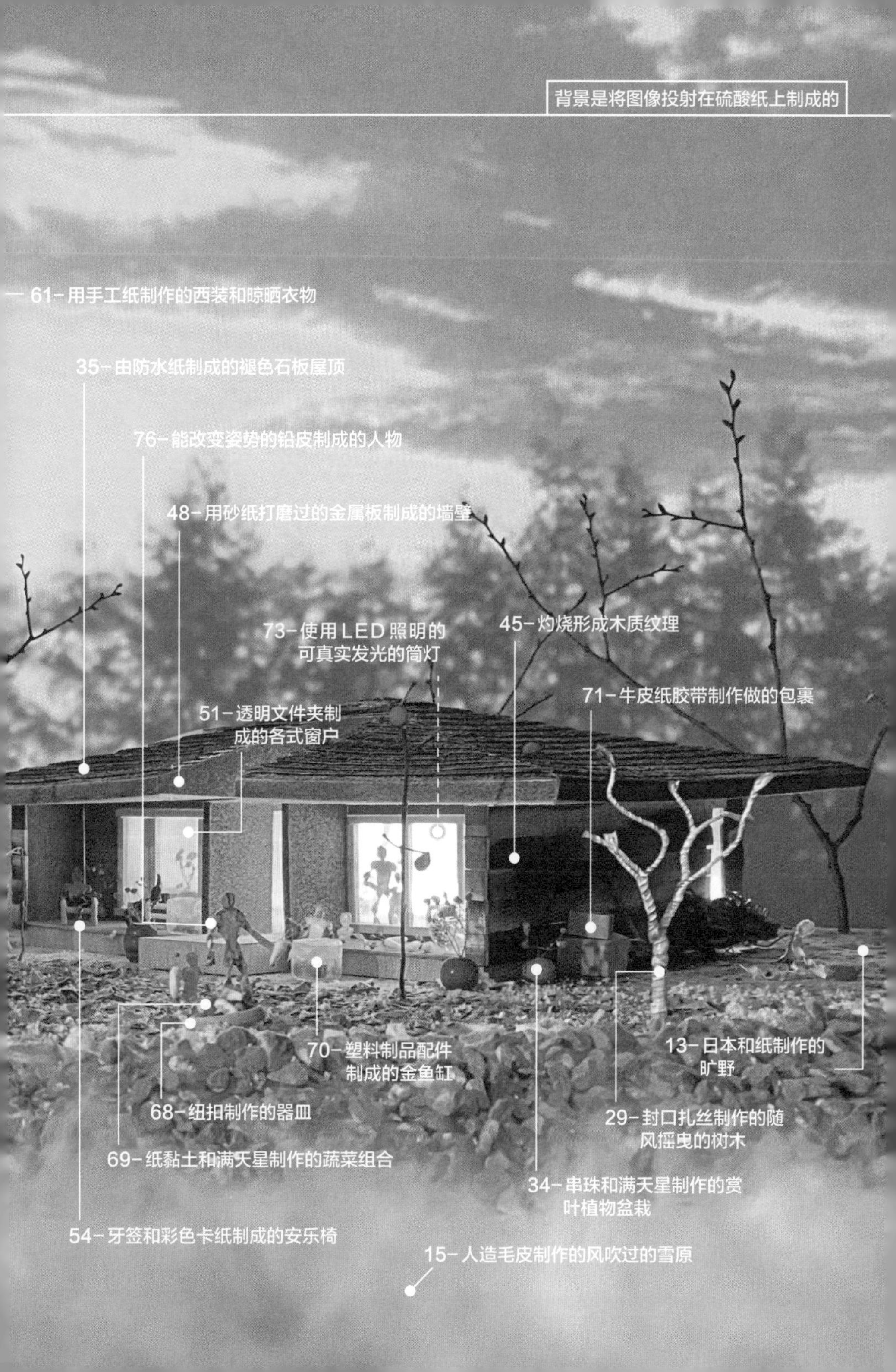
背景是将图像投射在硫酸纸上制成的
61-用手工纸制作的西装和晾晒衣物
35-由防水纸制成的褪色石板屋顶
76-能改变姿势的铅皮制成的人物
48-用砂纸打磨过的金属板制成的墙壁
73-使用LED照明的可真实发光的筒灯
45-灼烧形成木质纹理
71-牛皮纸胶带制作做的包裹
51-透明文件夹制成的各式窗户
70-塑料制品配件制成的金鱼缸
13-日本和纸制作的旷野
68-纽扣制作的器皿
29-封口扎丝制作的随风摇曳的树木
69-纸黏土和满天星制作的蔬菜组合
34-串珠和满天星制作的赏叶植物盆栽
54-牙签和彩色卡纸制成的安乐椅
15-人造毛皮制作的风吹过的雪原

后 记

写作本书让我对于“尝试”的重要性有了重新的认识，并想起了以前的一些经历体验。

大学四年级的时候，我在研究室彻夜不休，制作了某项竞赛的最终模型，并接受恩师入江正之的最终检查。

“好像模型的质感不够啊……”

大家都变得紧张起来。

“请拿些酱油过来。”

我受到了很大的冲击。那一瞬间，“模型”和“酱油”这两个毫无关系的词第一次联系在了一起。“啊……原来酱油也可以被当作模型材料使用呀。”这件事使我大受震撼，十分感动，虽然结果非常遗憾，即使用酱油对模型效果进行了调整，产生的改变比较有限，那次竞赛最终失败了……

我认为在当今时代，面对失败仍然是一件具有挑战性的事情，需要承受很大的压力。虽然如此，正如前言中提到的，我依然将一些尝试性的想法纳入本书中，对我而言，本书就像一本备忘录，将这些想法保存下来。我同样希望这本书能成为以学生为代表的年轻设计师重新思考建筑模型表现效果的契机。

另外，我还发现两所大学的学生进行模型制作的创意各有各的主题和倾向。西日本工业大学的学生主要关注从建筑到城市的大尺度环境表现，九州产业大学的学生则主要关注小饰品和室内装饰。此外还要感谢学芸出版社的古野先生给予我这次十分宝贵的调整、整理这些关于模型制作的多元想法的机会，整个过程虽然很辛苦，但很有意义。

——石垣 充

“材质感”会给人留下深刻的印象。

例如，混凝土坚硬而冰凉，而木头则柔和而温暖，材料不同，空间的印象也会大不相同。给模型赋予材料的质感，对设计者来说，其要点是要明确需要表达怎样的空间。对于观赏模型的人来说，通过模型的材质可以获取设计者更深层次的意图。

“点缀物”可以表现设计者所考虑的，那个空间中正在发生的“生活”和“空间使用方式”。并且，这种被赋予了材质和点缀物的“实体模型”，或许会让人联想起这栋建筑在城市中会形成怎样的城市场景。

通过本书的内容，我希望各位读者即使花很少的钱，也能做出达到以上效果的模型。举个例子，参与本书写作的一位学生，在制作毕业设计的“实体模型”时，每天都在思考这个材料或者物件能否作为模型材料使用。抱着这样的态度，或许就能发现本书中没有展示的“材料”以及“使用方法”。希望本书能成为帮助大家拓展模型材料的契机。

——矢作昌生

材料索引

西日本工业大学石垣充研究室＋造物设计事务所

● 石垣 充（ishigaki takashi）

西日本工业大学设计学院建筑学专业教授。
曾就职于石本建筑设计事务所、秋田公立美术工艺短期大学，2012年入职西日本工业大学。曾获得2008年、2017年SD Review（日本鹿岛赏住宅杯竞赛入选）奖，日本新建筑住宅设计竞赛等多个奖项。

● 造物设计事务所

石垣充进行创作活动时的团队别名。从事产品设计、家具设计、室内装饰、建筑设计等多领域的设计活动。

九州产业大学ABC建筑道场＋矢作昌生

● 矢作昌生（yahagi masao）

九州产业大学建筑与城市规划工学学部建筑系教授、矢作昌生建筑设计事务所负责人。
曾就职于ADH、NellM.Denari Architects等设计公司，后成立矢作昌生建筑设计事务所。曾获得Good Design Award（日本优良设计奖）、日本JIA环境建筑奖等多个奖项。

● ABC建筑道场

以建筑师、九州产业大学教授矢作昌生为核心的设计工作室。每周会选取相应主题的作品进行演讲和讨论，并投票选出“每周最佳作品”；策划并运营“九州产业大学建筑系列讲座”；并同时参加其他国内外研讨会、工作营、竞赛、展示会等以模型制作为中心的活动。

协助者名单

● 西日本工业大学

川崎吏辉
加藤真心
岩本望希
田渊寿希人
早田修平

● 九州产业大学

岩崎海
关太一
吉永广野
福田龙治
荒川南
小林由佳
井上小奈美
柴田智帆
酒匂悠花
米仓捺生
长野太一
锄田绚子
桝崎魅斗
井本大智
星加健
江渕翔
岛田贵博
小畑俊洋
仓富那美子
田所佑哉
山口祐
山本彩菜